원예와 웰빙

Horticulture & Wellbeing

원예와 웰빙

1판 1쇄 펴낸날 2008년 5월 30일
1판 3쇄 펴낸날 2012년 8월 20일
2판 1쇄 펴낸날 2015년 3월 2일
2판 2쇄 펴낸날 2020년 2월 25일

지은이 손기철·변혜진·송종은·소인섭·강 훈
펴낸이 임융호
펴낸곳 쿠북 (건국대학교출판부의 패밀리 브랜드입니다.)
등록 / 제4-3호(1971. 6. 21.)
주소 / 05029, 서울특별시 광진구 능동로 120 건국대학교 출판부
전화 / (02) 450-3891~3
팩스 / (02) 457-7202
홈페이지 / http://press.konkuk.ac.kr
전자우편 / press@konkuk.ac.kr

책임편집 박명희

찍은곳 ㈜동화인쇄공사

정가 16,000원

ISBN 978-89-7107-585-2 03520

이 도서의 국립중앙도서관 예정도서목록(CIP)은 서지정보유통지원시스템 홈페이지(http://seoji.nl.go.kr)와 국가자료공동목록시스템(http://www.nl.go.kr/kolisnet)에서 이용하실 수 있습니다.(CIP제어번호: CIP2015004893)

개정판

원예와 웰빙

Horticulture & Wellbeing

손기철

변혜진

송종은

소인섭

강 훈

공저

쿠북

차 례
CONTENTS

머리말

녹색식물 없이 삶의 질을 논할 수는 없는 세상이 되었다. 삶의 패턴과 사회환경이 변하면서 대부분의 도시인들은 하루 종일 실내에서 머무는 시간이 많아졌으며 실내환경이 바로 우리 삶의 질에 결정적인 영향을 미치게 되었다. 특히 오염된 환경을 살려주는 식물의 유익한 효과가 밝혀지면서 그린인테리어는 웰빙생활에 기본으로 자리매김하고 있다.

우리는 식물을 잘 알지 못해도 아름다운 꽃다발을 선물 받으면 저절로 웃음이 나오고, 예쁘게 꾸며진 정원과 길가에 핀 아기자기한 꽃들을 보면 유쾌해지고 자꾸 시선이 머무르게 된다. 이런 좋은 마음에 직접 화초를 길러보고 싶지만 이름도 모르고 어떻게 관리해야 되는지 몰라 머뭇거리게 된다. 그러나 분명한 것은 식물을 가까이 하는 것만으로도 우리의 생활은 훨씬 재미있고 윤택해진다는 것이다.

이 책은 대학 교양 교재로서, 학생들이 졸업 전에 한 번은 꼭 듣고 평생 자신의 삶을 풍요롭게 할 수 있도록 하기 위한 목적으로 집필하게 되었다. 따라서 이 책은 다른 책과는 다음과 같은 점에서 차이가 있다.

무엇보다도 먼저 이 책은 기존의 학문적 접근은 최대한 피하고, 일상생활에서 비전공자들이 가질 만한 호기심에 기초를 두고 그 문제를 해결하는 방식으로 내용을 전개했다.

두 번째 이 책은 암기하거나 공부해야 하는 부담감을 없애고 단지 책의 내용에 기초한 즐거운 활동을 통해서 삶의 여유를 누릴 수 있도록 했다. 특별히, 계절별 원예활동을 염두에 두고 책을 집필하였다.

세 번째는 이 책을 통해서 우리가 잘 알지 못하는 식물세계의 아름다움과 경이를 체험하도록 하였다.

이러한 점들을 달성하기 위해서 집필에 앞서 많은 대학생들을 대상으로 그들의 호기심과 흥미를 조사했으며, 그것을 바탕으로 각 장별 내용이 정해지게 되었다.

이 책의 첫머리는 필자의 수년간의 연구를 통해 얻어진 식물의 공기정화, 환경조절 효과를 이용하여 새집증후군을 친환경적으로 해결하고 건강과 환경을 살리는 방법을 소개하였으며, 원예활동을 통해서 질병까지 치료하는 원예치료에 대해 알아보았다.

다음으로 즐겁게 원예를 시작할 수 있도록 식물을 구입할 때 주의해야 할 사항과 식물을 구입할 수 있는 장소, 식물의 이름과 이들을 부르는 방법에 대해서도 서술해 보았다. 식물을 잘 키우기 위해서는 햇빛·온도·물 이 세 가지 요인이 가장 중요한데, 식물에 따라 이들을 필요로 하는 정도가 다를 수밖에 없으며 이러한 차이점과 원인에 대해서 다루었다.

또한, 실내에서 내 손으로 직접 손쉽게 꾸밀 수 있도록 다양한 실내식물의 종류와 특성에 대해 알아보고, 용도에 따라 공중걸이·테라리움·물가꾸기·공간별 장식 노하우와 적합한 식물들을 소개하였으며, 계절별로 우리 집 실외 정원을 관리하기 위해 필요한 갖가지 할 일들에 대해 소개하였다.

허브는 독특한 향기와 맛을 지녔을 뿐만 아니라 향기치료(아로마테라피)로 각광을 받고 있다. 쉽게 기를 수 있는 주요 허브식물의 종류와 효능을 소개하고, 인체작용 원리를 통한 허브의 이용 방법과 생활 속의 간략한 처방법도 다루었다.

또한 주위에서 식물을 이용한 식용 방법 및 채소류의 재배 방법을 알아보았다. 식물을 키움과 동시에 그것을 먹는다면 키우는 즐거움과 내 손으로 키운 무공해 식품을 먹는다는 두 가지 즐거움을 모두 만끽할 수 있다. 게다가 건강까지 얻는다면 일석삼조의 기쁨이 될 수 있다.

동물 역시 놀라운 존재이지만 식물의 연구를 하다보면 식물의 경이로움에 감탄을 할 때가 한두 번이 아니다. 동물처럼 빠르지는 않지만, 다양한 움직임을 보이는 식물들, 곤충을 먹어버리는 식충식물 등 다양한 식물의 경이로운 세계를 재미있게 알아보았다.

그리고 "꽃구경과 단풍구경을 떠나 보자" 편에서는 봄·가을로 화려한 몸단장을 자랑하는 식물색의 아름다운 변화원리를 이해하고, 휴식과 문화체험 및 관광까지 다양한 활동을 할 수 있는 주위의 꽃축제·단풍축제를 소개하였으며, 전국 유명 식물원과 도시공원도 적극적으로 즐길 수 있도록 안내하였다.

식물 이름을 어느 정도 알고 나서 그 다음 즐거움에 빠질 수 있는 일이 식물의 개체수를 늘리는 것이다. 그것도 공짜로 가능한 일이기 때문에 기쁨과 성취감을 두 배로 느낄 수 있다. 열심히 화분 개수를 늘려서 가까운 친구들에게 선물해 보자.

또한 공간을 부담 없이 특별한 이미지로 꾸미고자 할 때 꽃장식만큼 훌륭한 것이 없다. 동양식·서양식 꽃장식의 차이점과 디자인 방법을 학습해 보고,

생화를 말려서 오랫동안 장식할 수 있는 건조화와 누름꽃(압화) 만들기에 대해서도 알아보았다.

한번쯤 난 화분을 선물 받아 본 경험이 있을 것이다. 난은 매우 키우기 힘든 식물로 알려져 있지만, 식물에 대한 관심이 생기다 보면 난처럼 키우기 쉬운 식물이 없다. 꽃의 화려함과 향기로움을 따지자면 난에 버금가는 식물이 없을 정도이다. "우아하면서도 화려한 난의 세계" 편에서는 난의 종류 및 난을 키울 때 주의해야 할 사항에 대해서 알아보았다.

마지막으로 원예식물의 관리시 흔히 겪게 되는 빛·수분·온도관리 등 여러 가지 문제점과 그 해결책을 질문과 답변 형식으로 구성하였으며, 사례를 통해 안타까운 상황들을 슬기롭게 대체해 나갈 해답을 찾을 수 있을 것이다.

그 동안 여러 생활원예용 대학교재가 출판되었지만, 책마다 대학의 비전공자들이 흥미를 가지기에는 너무 딱딱하거나 학문적이어서 쉽게 가르치기가 어려웠다. 또한 실제적이고 활용적인 내용들이 부족하여 늘 강의시 어려움을 겪었다.

저자들은 다년간 대학의 생활원예를 가르치면서 평소 부족하고 아쉬웠던 것들을 메모했고, 그것을 토대로 쉽고, 짧은 시간에 실습이 가능하고, 재미있는 내용으로 집필하게 되었다. 이 책은 학문을 위한 책이 아니라 즐거움과 삶의 질 향상을 목적으로 한 것이기 때문에, 차후 환경에 대한 유행이 바뀔 때마다 꾸준히 새롭게 보강할 생각이다.

모쪼록 이 책을 통하여 많은 학생들이 자신의 삶에서 녹색환경의 귀중함과 풍요로운 삶을 누리기를 소망한다.

2015. 3.

저자대표 손 기 철

1장

식물이 환경을 살린다

최근 환경오염 문제가 심각해지면서 현대인들의 삶의 질은 더욱 악화되고 있다. 특히 실내에서 생활하는 시간이 늘면서 '병든건물증후군'·'새집증후군'으로 몸살을 앓고 있는데, 이러한 문제를 해결하기 위해 공기청정기·가습기 등 첨단기기를 사용하고 있지만 부작용이 나타나 오히려 해가 되는 경우가 발생하고 있다. 다행히 식물을 이용하면, 친환경적인 방법으로 우리의 건강과 환경을 살릴 수 있다는 사실이 밝혀지면서 식물에 대한 관심이 증가하고 있다.

1 천연 가습기와 냉난방 효과로 쾌적한 실내환경 –습도조절효과, 온도조절효과

식물은 뿌리로 흡수한 물의 약 1% 정도만 자신의 생명을 유지하기 위하여 사용하고, 나머지는 기공을 통하여 대기로 순수한 물을 배출시키는 증산작용으로 실내습도를 증가시킨다. 실제로 실내에 식물을 방 전체 면적의 약 8~10% 정도 배치하였을 때 겨울철 실내온도를 약 1.5℃ 정도 높여 줄 수 있으며, 여름철에는 약 2~3℃ 떨어뜨리는 것으로 밝혀졌다.

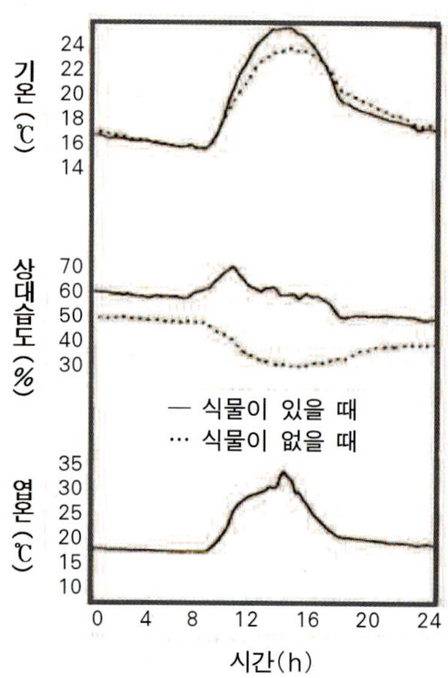

그림 1-1 실내에 식물을 두었을 때 온습도 변화

또한, 식물의 종류에 상관없이 상대습도가 낮을수록 증산량이 증가하고, 광도가 증가할수록 증산량도 증가한다. 반면에 온도가 증산량에 미치는 영향은 식물 종류에 따라 달랐으며, 고무나무나 파키라는 온도가 높을수록 증산량이 적어지는 경향을 나타났다. 따라서 증산량이 활발한 식물을 선정하며, 실내공간에 식물을 많이 배치하는 것이 좋다.

실제로 식물을 방 면적의 2~5% 정도 두면 습도를 약 5~10% 높일 수 있으며, 식물을 8~10% 정도 두면 습도를 20~30%까지 높일 수 있다. 이때 실내 여러 곳에 나누어 배치하는 것보다 가능한 햇빛을 많이 받게 하여 창가에 일렬로 배치하는 것이 효과적이다. 겨울철 실내습도를 높이기에 최적인 식물은 아레카야자(황야자), 대나무야자, 보스톤고사리(네프롤레피스) 등이다.

식물의 잎은 광합성 작용을 할 때 기공을 통해 수분이 빠져나오면서 음이온을 발생시킨다. 특히, 광도가 높을수록 증산작용이 많아지고 음이온 발생이 많아진다. 대기오염물질이나 미세먼지는 대부분 양이온을 띠고 있는데, 식물에서 발생되는 음이온은 주위의 오염물질을 흡착시키거나, 양이온 물질과 반응하여 오염물질을 제거해 주는 데 도움을 준다. 음이온이 많이 나오는 식물로는 산세베리아, 관음죽, 팔손이, 스파티필름 등이 있다.

대나무야자

팔손이

그림 1-2
습도를 높여 주는 실내식물

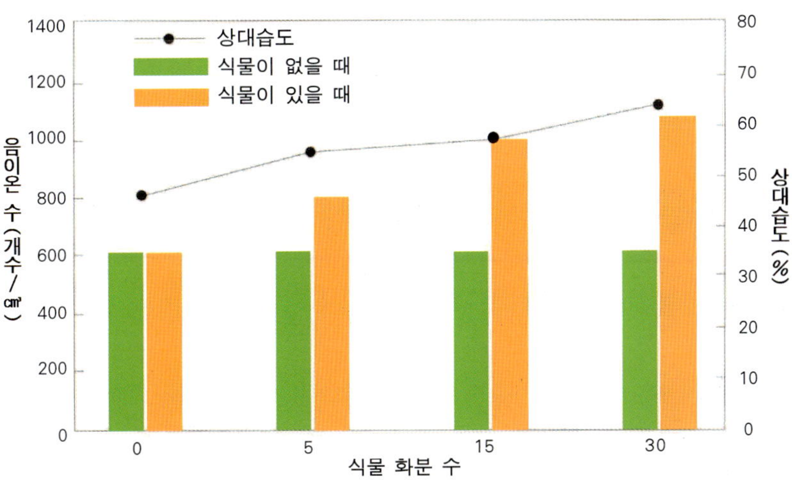

그림 1-3
실내에 식물이 있을 때 음이온의 변화

2... 친환경 공기청정기, 녹색식물

- 휘발성 유기화합물, 오존, 미세먼지도 제거해 주는 식물의 청소능력
- 식물은 담배연기도 제거할까?
- 밤에 이산화탄소를 잡아먹는 식물이 있다?

식물은 기공을 통한 가스 교환 시 대기 중의 오염물질을 흡수하고 이를 체내 다른 부분으로 전류시키거나 생물학적으로 이를 분해하는 능력을 가지고 있으며, 식물 자체뿐만 아니라 토양에 흡착 및 흡수, 그리고 토양미생물에 의해 실내에서 발생되는 각종 오염물질을 정화시키는 능력을 가지고 있다.

실내에는 300가지 이상의 휘발성 유기화합물질(VOC)이 존재하는데, 새집증후군과 병든건물증후군, 아토피 등의 원인이 되는 포름알데히드, 벤젠, 톨루엔 및 크실렌 등이 여기에 포함된다. 그 중에서도 포름알데히드는 보스톤고사리, 국화, 거베라 등에 의해서 효과적으로 제거되며, 벤젠 제거에는 스파티필름, 관음죽, 칼랑코에, 산세베리아, 싱고니움, 아이비(헤데라) 등이 효과적이며, 톨루엔과 크실렌에는 아레카야자, 싱고니움, 헤데라, 피닉스야자가 제거 능력이 높다고 밝혀졌다.

테이블야자

싱고니움

보스톤고사리

그림 1-4

휘발성 유기화합물을 잘 제거하는 실내식물(새집증후군에 좋은 식물)

그림 1-5 오존에 민감한 시서스

한편, 오존(O_3)은 독성이 매우 강한 대기오염 물질이다. 특히 자동차 배기가스와 강한 햇빛에 의한 광화학 반응으로 생성되며, 사람과 동식물의 조직을 파괴하고, 폐암 발병의 요인이 될 수도 있다. 오존은 복사기, 팩시밀리, 레이저프린터 등 고전압의 전류를 사용하는 사무용 기구와 공기청정기 등에서 많이 발생하는데, 이런 오존에 잘 견디며 효과적으로 제거하는 식물로는 스파티필름, 헤데라, 벤자민고무나무 등이 있다. 반면 시서스, 스킨답서스 같은 식물은 오존에 민감하기 때문에 실내에 두면 오존 경보 역할을 해줄 수 있다(그림 1-5).

가스레인지를 사용하는 주방이나 담배연기에는 일산화탄소가 많이 있다. 이러한 일산화탄소 제거에는 스킨답서스가 효과적인 것으로 나타났다.

그림 1-6 일산화탄소 제거에 좋은 스킨답서스

또한, 자동차 배기가스나 대기오염 물질에 많이 있는 이산화질소 제거에는 스파티필름과 벤자민고무나무, 암모니아 제거에는

그림 1-7 휘발성 유기화합물을 잘 제거하는 대표적인 공기정화식물, 스파티필름

관음죽과 파키라가 매우 효과적이다.

일반인들의 경우, "문을 닫고 잠을 자는 야간에는 식물이 호흡만 하기 때문에 CO_2를 방출하여 오히려 건강에 해롭지 않을까?"라는 걱정을 많이 한다. 식물은 낮 동안에 많은 양의 CO_2를 흡수하는 반면, 야간에는 주간에 흡수한 CO_2 양에 비해 약 20~40% 정도만 방출하며, 이 농도는 인체에 유해할 정도는 아니다.

그래도 걱정이 된다면, 선인장을 두면 된다. 선인장과 다육식물은 밤에 기공을 열어 CO_2를 많이 흡수하는 식물이기 때문에 밤에 실내 이산화탄소의 문제를 해결할 수 있을 것이다.

그 중에서도 '비화옥'과 '변경주', 다육식물 중 '크라슐라 화재'가 야간에 CO_2를 가장 많이 흡수하는 것으로 나타났다. 따라서 이러한 선인장류의 식물을 실내식물과 함께 두면 낮과 밤 동안의 CO_2를 제거하는 데 효과적이다.

비화옥

크라슐라 화재

변경주

그림 1-8 야간에 이산화탄소 흡수를 많이 하는 선인장의 종류

아이비(헤데라)

인도고무나무

그림 1-9 오존에 잘 견디고, 먼지제거에 좋은 아이비(헤데라)와 인도고무나무

실내에 미세분진도 호흡기를 통해 몸속에 흡입되어 축적되면 건강에 치명적인 악영향을 끼친다. 실제로, 실내식물이 미세분진을 제거하는 능력을 조사한 결과, 실내식물을 컴퓨터실과 사무실 공간 면적 대비 2~5% 정도 배치했을 때가 식물이 없는 경우에 비해 바닥에 떨어진 총 먼지량이 약 20% 정도 감소되었다. 또한, 먼지 감소율에서는 엽면적이 큰 인도고무나무, 헤데라(아이비), 벤자민고무나무가 컸으며, 먼지가 작을수록 광합성이 높은 식물이 더 많은 양을 흡수하였다.

이처럼 실내에 식물을 두면 실내공간에서 발생되는 각종 오염물질을 제거하는 데 탁월하다. 그러나 실내공간은 여러 오염물질이 함께 있으므로, 특정 오염물질의 정화능력이 뛰어난 식물을 두는 것보다는 다양한 식물들을 적절한 양으로 아름답게 배치하는 것이 호흡기질환 예방과 새집증후군, 아토피성 질환에 도움이 되며, 쾌적한 환경 만들기에 더 효과적이다.

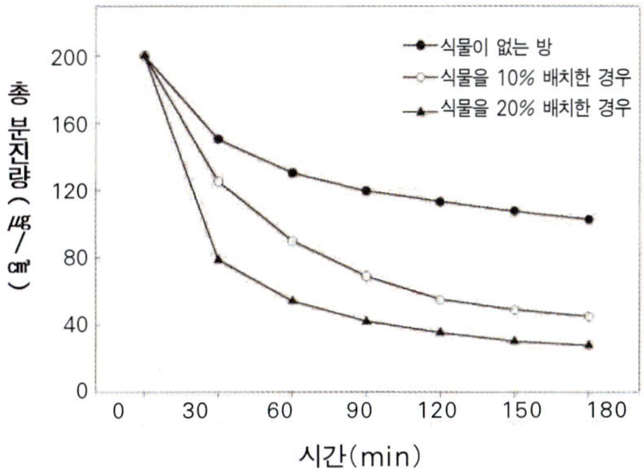

실내에 식물이 없을 경우와 실내식물을 방 전체 면적의 각각 10% 및 20% 정도 두었을 때 자연적으로 감소되는 먼지의 총량을 보여준다. 그림에서 보는 바와 같이 식물이 없을 때와 비교할 때 식물 수가 많을수록 총 분진량이 빨리 감소되는 것을 볼 수 있다.

그림 1-10 실내에 식물을 두었을 때 먼지 감소 변화

2장

식물이 사람을 살린다

-원예치료-

1 스트레스와 피로회복엔 식물을 가까이 두세요
-원예와 친해지면 몸도 마음도 치료가 된다?

- 녹색식물은 집중력과 기억력 향상에 도움이 된다.
- 눈과 목·어깨의 피로를 풀어주는 녹색식물
- 꽃과 녹색식물을 함께 감상하면 스트레스가 더 빨리 해소된다.

식물을 가까이 두면 사람들의 건강이 회복되고 치료효과를 얻을 수도 있다. 최근 녹색의 실내(관엽)식물을 바라보고 있을 때 정신건강에 도움을 주며, 심신이 안정되었을 때 나오는 알파파가 증가되어 머리를 맑게 해주며, 뇌기능의 향상 효과가 있는 것으로 밝혀졌다. 이때 식물이 시각 면적의 20% 이상을 차지해야 효과가 있다.

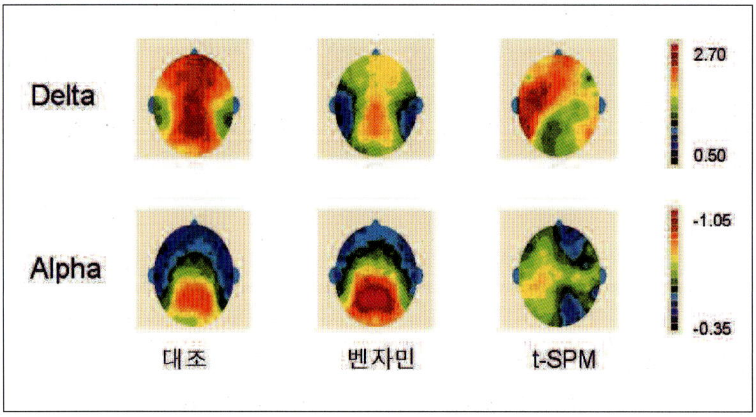

그림 2-1

식물과 뇌파의 상관관계
식물이 없는 방안(대조)보다 실내식물(벤자민고무나무)을 보는 상태에서 뇌파의 델타파가 감소하고, 알파파가 증가하였다(붉은 부분으로 갈수록 양이 많아지는 것임).

머리를 맑게 하는 녹색식물이 따로 있나?

녹색식물이 정신을 맑게 하고 긍정적인 감정을 갖게 한다는 것이 밝혀지면서 어떤 식물이 더 좋을까에도 관심을 갖게 되었는데 실제로 일반적인 사무실 환경을 기본으로 하고, 잎 모양과 형태, 크기가 다른 녹색 식물들을 남녀 대학생 72명을 대상으로 뇌파검사를 실시한 결과, 식물 유무에 따라서는 차이가 분명히 나지만 식물의 종류에 따라서는 뇌파의 차이를 보이지 않았다. 즉 좋은 감정을 일으키고, 정신생리를 향상시키기 위해서는 특별한 식물이 필요한 것이 아니라 어떠한 녹색식물이라도 함께하면 좋다는 것이다.

표 2-1 실험대상자가 컴퓨터 모니터 또는 실내식물을 바라보았을 때 눈물막 파괴시간, 눈 깜박임 횟수, 시각 피로도의 차이

측정항목 (단위)		모니터	녹색식물	유의성
눈물막 파괴시간 (초)	오른쪽 눈	4.7	6.2	***
	왼쪽 눈	4.1	5.3	*
눈 깜박임 횟수 (회)		30.2	20.7	*
시각 피로도		15.3	8.3	***

(식물은 켄차야자와 드라세나 맛상게아나를 두었음. *가 있다는 것은 차이가 난다는 뜻이며, *가 많을수록 더 분명한 차이가 있다는 뜻임.)

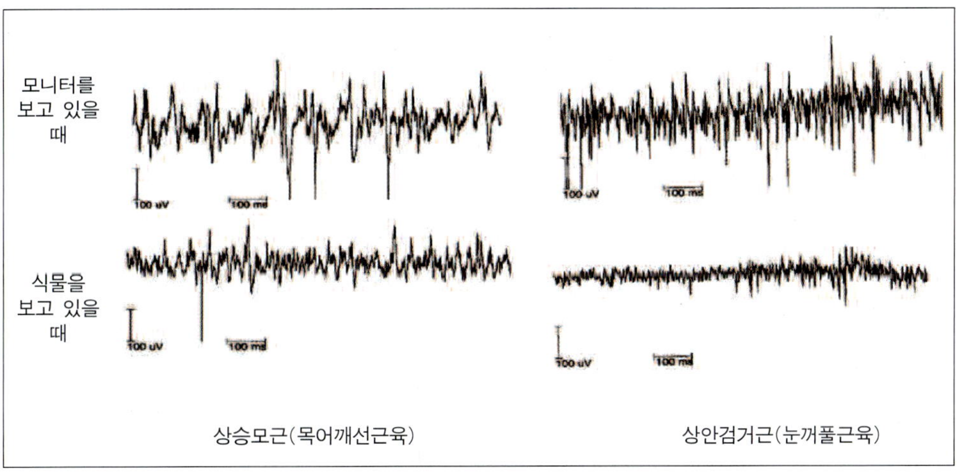

그림 2-2 식물을 보았을 때 근전도 전위와 피로도의 변화

모니터를 보고 있을 때에 비해(위) 실내식물을 보고 있을 때(아래) 근전도의 전위와 피로도가 낮아짐.

또한, 실내에 배치된 식물을 바라보면 눈, 어깨결림, 근육통증 등 근전도의 측정 결과 스트레스와 피로도를 감소시키는 효과가 있다(그림 2-2). 또한 식물을 바라보면 맥박수와 혈압이 낮아지고 피부전도도 수준이 감소되어 자율신경계의 안정과 면역능력이 증가되는 효과도 얻을 수 있다.

그동안 꽃장식은 취미생활이나 장식적인 기능에만 치우쳐 있었지만 꽃을 잘 보는 것만으로도 뇌기능 향상에 도움이 되는 것으로 밝혀졌다. 동양식 꽃꽂이와 서양식

꽃꽂이 두 가지 모양(그림 2-3)을 감상하는 동안 뇌파를 측정했을 때 동양식꽃꽂이는 비언어적 인식, 통합적 기능, 문양인식, 예술적 기능 및 감정 기능에 연관이 많은 오른쪽 뇌를 활성화시켰으며, 서양식 꽃꽂이는 언어, 수학, 추상능력, 논리적 인식 등 비감정적 기능과 관련이 많은 왼쪽 뇌를 활성화 시키는 것으로 나타났다. 따라서 공간의 역할이나 상황에 따라 꽃장식을 달리하면 뇌활동에 좋은 영향을 줄 수 있다.

그림 2-3 서양식 꽃꽂이(위)와 동양식 꽃꽂이(아래)

직장인들은 스트레스로 인해 목과 어깨결림, 심장박동의 빨라짐, 두통 등 여러 가지 정신적 신체적 증상들을 겪고 있다. 심하면 심혈관질환, 소화기질병으로 이어지기 때문에 스트레스를 빨리 해소시키는 것이 건강관리에 중요하다고 할 수 있다.

하루의 대부분을 사무공간에서 보내는 실제 직장인들을 대상으로 식물이 없는 업무공간과 녹색식물만을 배치한 사무환경, 꽃보기식물만을 배치한 곳, 녹색식물과 꽃을 함께 둔 곳에서 스트레스 완화 효과를 조사해 본 결과(그림 2-4), 녹색의 관엽식물만 있는 곳보다 꽃을 함께 둔 곳에서 심리적인 스트레스 완화 효과와 통증을 인내할 수 있는 능력이 증가되었으며, 뇌파의 알파파도 증가하였으며, 심전도·근전도 및 자율신경계의 스트레스도 빨리 해소되는 효과가 있었다.

그림 2-4 실험에 사용한 네 가지 사무환경

2 기억력과 집중력 향상에 도움을 주는 식물의 향기

최근 스트레스에 찌들어 있는 도시인과 학생들에게 몸과 마음의 긴장을 풀어 주고, 생활의 활력을 주기 위한 방법으로 숲속의 상쾌함을 찾아가는 삼림욕이 인기를 얻고 있다. 삼림욕의 주성분인 피톤치드(phytoncide)는 소나무, 편백나무 등의 침엽수에서 많이 나오며, 쾌적감을 느끼게 하고, 신체의 자율신경계의 안정과 숙면에 효과적이다.

이러한 편백 정유향을 흡입하였을 때 학생들의 기억력과 집중력 향상 및 스트레스 감소에 효과적인 것으로 밝혀져 주목을 받고 있다.

편백 정유의 흡입은 혈압과 스트레스를 안정화시킬 뿐만 아니라, 정신 활동시 긴장을 이완시켜 뇌파를 베타파에서 알파파로 유도하여 저뇌파 상태를 이끌어 냄으로써 집중력과 기억력 향상에 긍정적인 효과를 보였다. 또한 기분도 좋게 만드는 것으로 연구 결과 밝혀졌다.

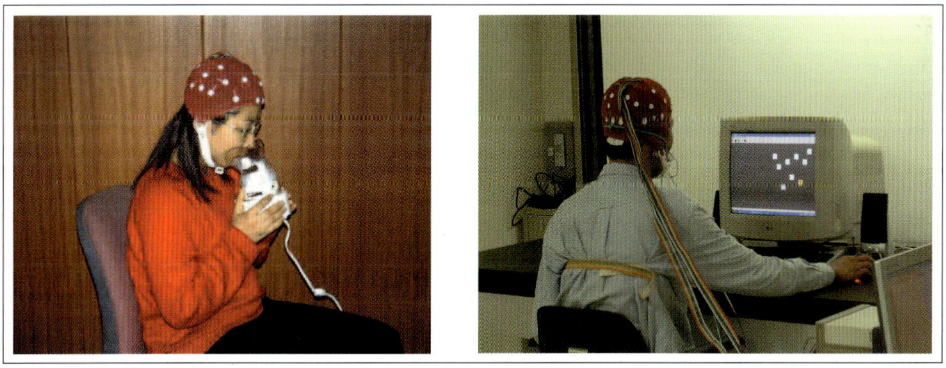

그림 2-5 식물의 향기 흡입 시 뇌파변화와 집중력 검사 모습

이와 같이 꽃과 녹색식물은 그 존재만으로도 인간에게 건강증진 효과를 줄 뿐만 아니라 식물과 원예활동을 이용한 원예치료를 통하여 건강을 회복시킬 수 있음이 밝혀지면서 대체의학의 새로운 수단으로 인식되고 있다.

3 건강을 생각하는 원예치료
-식물도 훌륭한 의사

- 원예치료와 심신의 건강(역사, 배경)
- 원예치료의 효과와 적용 과정
- 다양한 원예치료 대상자

원예치료(Horticultural Therapy)란 다양한 원예활동을 통하여 사회적·교육적·심리적 혹은 신체적 적응력을 기르고 육체적 재활과 정신적 회복을 추구하는 것으로, 넓게는 현대인들에게 원예활동의 전문적인 기술과 방법을 통하여 녹색의 쾌적성(green amenity) 및 환경회복을 얻고자 하는 것이라고 볼 수 있다.

일반 원예가 식물을 대상으로 생산을 주목적으로 하는 것이라면, 원예치료는 식물을 이용하는 원예활동을 통해 인간 심신의 재활을 꾀하고, 삶의 질 향상을 목적으로 한다. 원예치료는 식물을 이용한 육체적 활동을 통해 재활, 치료, 복원, 교육, 건강 증진 등을 목표로 하는 예방치료일 뿐만 아니라 대체치료로 자리매김하고 있다.

원예치료의 역사는 고대 이집트에서 환자를 정원에서 산책하게 하여 치료했다는 기록이 전해져 오고 있으며, 19세기 미국과 유럽에서 처음에는 정신지체장애인을 수용하는 시설에서 농경작업의 하나로 실시되다가, 제2차 세계대전 후 상이군인의 재활이나 직업훈련에 원예가 도입되었고, 그 후 응용범위가 점차적으로 확대되었다. 우리나라에서도 1980년대 후반에 처음 소개된 후 한국원예치료복지협회(KHTA)가 결성되면서 현재 6천여 명의 회원과 매년 학회를 통하여 다양한 활동과 연구가 진행되고 있다(한국원예치료복지협회 홈페이지 www.khta.or.kr 참조).

최근 원예에 대한 사회적 관심이 급증하면서 일반 사회원예 활동과 원예치료의 구별 없이 확대되었는데, 이는 초창기 저변확대를 위해 원예치료 전문가들 스스로 원예치료의 범위를 넓게 보아 실제로 치료가 아닌 복지 차원의 활동도 원예치료의 범주 안에 포용하였다. 그러나 현재에는 넓은 의미의 원예치료를 보다 세분화하여

표 2-2 원예치료와 원예복지

구 분	항 목	원예치료	원예복지
공통점	목표	인간이 행복하도록 원예의 효용을 적극 활용하기 위한 사회· 환경적 노력	
차이점	주체적 활동의 대상자	재활 및 치료적 관여가 필요한 사람	건강한 일반인
	주된 활동목표	원예를 치료로 활용	원예를 삶에 활용하는 방법을 배움
	주된 활동내용	치료·재활(교육, 심리사회, 직업재활) 심신의 회복 또는 상담	원예의 계발 보급 및 지도 원예동아리 또는 지역커뮤니티 활동
	진행방법	전문적 원예치료로 효과 극대화	원예와 함께 하며 즐김
	진행자	치료사, 상담자, 조력자	조언자 또는 원예 지도사
	치료의 전문성	깊다	낮다
	기관 및 병원에서 타치료 전문가와의 관계	연관 분야의 전문가(의사, 간호사, 타대체치료사, 사회복지사 등)와의 연계를 통해 대상자에 대한 정보공유, 협력	지원 및 보조

[출처: 손기철(2006), 전문적 원예치료의 실제, 쿠북]

전문성을 높이기 위해 원예치료와 원예복지를 분리하여 재정립하였다(표 2-2).

따라서 전문적 원예치료란 '원예치료사가 식물과 다양한 원예활동을 통하여 설정된 치료 목표를 의도된 프로그램을 통해서 대상자의 치료나 심신의 회복, 재활 및 예방을 추구하는 전문적인 활동'으로 정의하며, 이에 비해 원예복지는 '식물과 다양한 원예활동을 통해 인간의 심리적·정서적·사회적·교육적 또는 환경적 적응력을 기르며 삶의 질 향상'을 목적으로 하는 모든 활동을 말한다.

복지원예사(원예치료사)는 식물과 사람을 사랑하는 사람으로서 원예학적 지식뿐만 아니라 정신의학, 재활의학, 사회학, 간호학, 상담심리학, 사회복지학 등 다양한 분야를 바탕으로 이를 체계적으로 적용할 수 있는 능력과 자질을 갖춘 전문가를 말한다. 복지원예사(원예치료사)의 자격을 취득하기 위해서는 규정된 교육과 자격심사기준을 통과하여야 한다. 국내 원예치료사의 자격은 복지원예사 1급, 2급, 3급, 고등 복지원예사로 나누어져 있으며, 한국원예치료복지협회에서 인정하는 각 25개 대학의 사회(평생)교육원의 원예치료과정을 이수하거나 대학원의 원예치료 전공을 수료한 후 일정시간 임상경험 등 자격요건을 충족시켜야 한다(표 2-3).

표 2-3 원예치료사 자격수여 요건

복지원예사 3급	복지원예사 2급
- 농촌진흥청 산하 연구직 및 지도직 공무원 또는 원예복지 관심자 - 평생(사회)교육원 수료 - 복지원예사 자격시험 합격 - 농촌진흥청 원예치료 단기 연수 수료 또는 협회 워크숍 40시간 참석 - 학회 논문 발표 1건 이상 - 지도교수 또는 기관장 추천서	- 전문학사 이상의 학력 - 평생(사회)교육원 수료 또는 대학원 원예치료 전공 1년 수료 - 복지원예사 2급 자격시험 합격 - 워크숍 40시간 참석 - 임상실습 60회 이상 - 학회 발표 1건 이상 - 임상활동보고서 및 지도교수 추천서

복지원예사 1급	고등 복지원예사
- 학부 원예치료학과 또는 대학원 원예치료 전공 졸업 - 대학원 원예학 전공 졸업자는 의료과목 3과목 이수 및 원예치료 석사 논문 제출 - 평생(사회)교육원 1년 과정 수료(소급적용자) - 워크숍 40시간 참석 (원예학과 졸업생은 20시간 인정) - 임상실습 200회 이상(2급 60회 포함) (주진행자 : 16시간/회, 보조자 : 8시간/회) - 논문 게재 1건, 학회 발표 1건 이상 - 임상활동보고서 및 지도교수 추천서	- 복지원예사 1급 자격 취득 후 5년 경과 - 단기고급연수 5회(해외연수 2회 포함) 이상 (단, 박사학위로 대체 가능) - 워크숍 100시간 이상 참석 - 임상실습 1200회(1급 200회 포함) 이상 (4시간/회) - 논문 게재 5건, 학회 발표 5건 이상 - 협회 임원 10인 이상 추천서 - 임상활동 보고서 - 지도교수 추천서

1) 원예치료의 독특성은?

최근 의학 분야에서는 전통적인 치료뿐만 아니라 원예치료와 같은 대체치료로서 미술치료, 음악치료, 운동치료, 동물치료, 오락치료, 그리고 향기치료 등이 보편화되고 있다. 그러나 원예치료는 다른 대체치료들과 구별되는 다음과 같은 독특성을 지닌다.

(1) 생명을 매개체로 한다.

원예치료는 식물, 즉 살아 있는 생명을 매개체로 하는 치료법이다. 대상자는 식물의 생장, 개화, 결실 등의 변화하는 모습을 통해 무생물과는 다른 교감을 가지게 된다.

이것은 동물을 다루는 것보다 더 손쉽고 자연스러울 수 있다. 그리고 다양한 식물을 통해 시각, 청각, 미각, 촉각, 후각의 오감을 자극할 수 있는 특징이 있다.

(2) 상호 역동적이다.

원예치료는 대상자가 단순히 어떤 작업과정을 이해하고 그에 따른 행위를 수행하는 것으로 끝나는 것이 아니라 대상자와 식물 간의 상호작용으로 이루어진다. 대상자가 씨앗을 파종하고 물을 주면서 정성껏 관리한다면, 새싹이 나오고 꽃이 피고 열매가 맺힐 것이다. 그러나 씨앗을 파종하고 난 뒤 무관심하게 방치해 둔다면 아무런 결과도 얻을 수 없을 것이다. 즉, 대상자의 행동과 관심에 따라 식물 상태가 달라지기 때문에 대상자는 그런 식물 반응을 보면서 자부심이나 책임감을 느낄 수 있다.

(3) 창조적 파괴가 가능하다.

원예치료를 통해 식물을 키워 수확물을 생산하고, 그것을 이용하여 만든 장식품으로 주위 환경을 개선하거나 다른 사람에게 선물을 주기도 한다. 또한 장식품을 만드는 과정에서 식물을 자르고, 꽃과 잎을 따서 눌러 말리고, 열매를 따는 등 생명을 파괴하는 행위를 하게 된다. 그렇지만 그러한 행위가 단순한 생명파괴로 끝나는 것이 아니라, 꽃·누름꽃·열매 등을 이용하여 다양한 창작품을 만들면서 파괴를 예술로 승화시키는 것이 가능하다.

(4) 본능적 그리움에 바탕을 둔다.

식물의 잎이 가진 녹색은 사람들이 생각하고 있는 낙원의 이미지와 가장 가까울 뿐만 아니라 심리적 안정과 유연성을 준다. 특히 현대인들은 자연보다는 철근과 콘크리트로 둘러싸인 회색 환경에서 생활하는 경우가 대부분이기 때문에 많은 사람들이 자연에 대한 본능적인 그리움을 가지고 있다. 원예치료는 인간 본연의 기호색인 녹색을 가까이에서 느끼고, 소홀했던 자연과 접촉할 수 있는 효과적인 방법이라 할 수 있다.

(5) 생명을 직접 돌보는 치료방법이다.

장애인들은 오랫동안 가족이나 주위사람들의 보호를 받아왔기 때문에, 자신이 보호받는 존재라고 생각하며 남들에게 의존하려는 경향이 크다. 그러나 원예치료는 대상자가 직접 식물을 돌보고 키워 수확물을 얻으면서 자신도 다른 누군가를 돌볼 수 있다는 자신감을 갖게 한다.

(6) 원예치료를 통해 전인적인 접근과 전문적인 접근이 동시에 가능하다.

원예치료는 몸과 마음 전체적으로 활용하고 의학적인 측면에서도 전문적으로 접근이 가능하며 통합적인 치료를 동시에 할 수 있는 장점이 있다.

2) 원예치료는 어떻게 이루어지나요?(원예치료의 대상자와 적용 과정)

원예치료의 대상은 정신적·육체적 장애인뿐만 아니라, 복잡한 사회구조 속에서 스트레스를 받고 있는 사람, 정년 퇴직자, 고령자 등 웰빙생활을 추구하는 일반인들까지도 포함된다.

원예치료는 대상자의 사회적·심리정서적·신체적 인지의 재활을 목적으로 하는 대체의학으로서 원예와 치료에 대해 전문적으로 훈련을 받은 치료사에 의해 진단받은 대상자에게 살아있는 식물을 이용하여 시행하는 의도된 프로그램을 통하여 측정 가능한 목표를 얻고, 후에 과학적 평가를 하는 것이다.

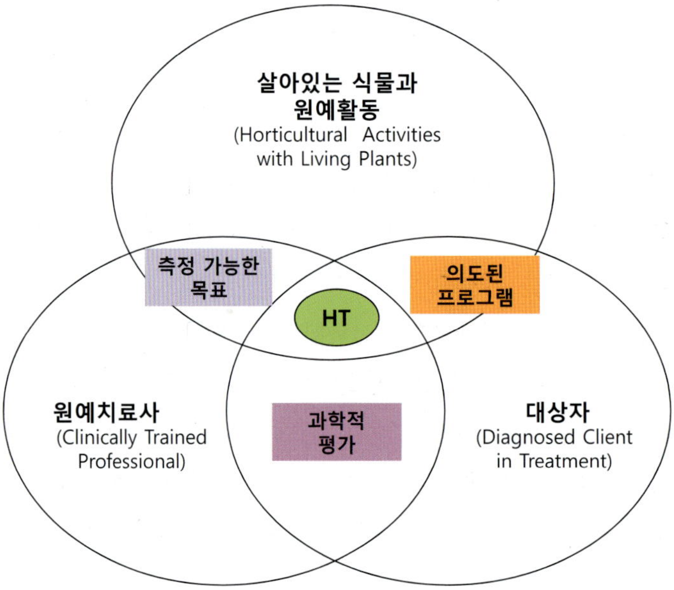

그림 2-6
원예치료의 세 요소와 역동성 모델

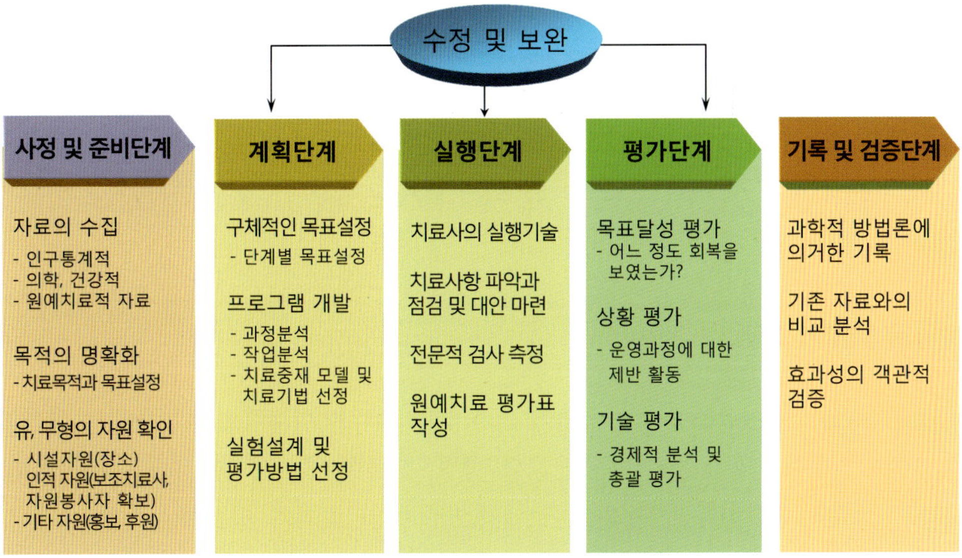

그림 2-7 원예치료 프로그램 적용과정

원예치료 프로그램은 치료적·교육적·사회적·여가활동 등 어떠한 목적이든 간에 최대한의 효과를 얻기 위해 진단 및 준비, 계획, 실행, 평가의 4단계 과정을 거치게 된다. 이는 의학적으로 보다 검증된 자료를 제시할 수 있으며, 체계적이고 효율적인 수단과 방법을 제공하고, 문제점을 다시 적절하게 수정 보완할 수 있으며, 대상자의 단점보다는 장점을 최대한 활용하여 치료사와 대상자의 상황을 명확하게 인식하게 해준다(그림 2-7).

원예치료를 실행하기 위해서는 먼저 대상자에 대한 정확한 정보수집이 필요하다. 대상자에 대한 정보는 신체적·심리적·환경적 특성을 모두 포함한다. 대상자에 대한 정보를 수집한 후, 그 정보에 대한 분석과 통합을 토대로 구체적이고 실현 가능한 목적을 세우고 그에 따른 세부목표를 설정한다. 목표를 설정할 때에는 대상자의 신체적·정신적 상태에 따른 다양한 특성과 대상자의 요구사항을 고려해야 한다. 대상자를 파악하고 목표를 설정한 후에 원예치료 프로그램을 계획하고 치료과정을 작성한다.

원예치료 프로그램은 계절과 프로그램 실시 기간, 참가자의 욕구에 따라 작업 참여도와 만족도를 높일 수 있도록 다양하게 작성되며, 작업분석과 치료중재 모델을 적용한 치료기법을 적용하여 전인적, 의학적 접근이 동시에 이루어지도록 진행표를 작성한다.

실행단계는 원예치료사의 자질과 능력에 따라 달라질 수 있으며, 원예활동을 수행하면서 진행상황을 파악, 점검하고 대안을 마련하면서 목표를 달성해야 한다. 또한 대상자를 잘 살피고 의사소통 기술을 증대시켜 상호작용이 긍정적으로 이루질 수 있도록 한다.

평가단계는 프로그램 활동의 결과로 목표와 목적이 달성되었는지 확인하고 참여한 대상자들의 회복 및 변화를 포함하는 모든 결과를 객관적으로 검증하는 단계이다.

3) 원예치료의 효과

원예치료는 원예활동이 우리에게 주는 다양한 혜택을 적극적으로 활용해서 심신의 치료, 재활, 기능의 유지·증진, 인간적 성장, 생활에 있어서 질(Quality of Life)의 향상을 목적으로 한다. 그렇다면 구체적으로 어떤 효과가 있을까?

원예치료의 효과는 크게 정서적·지적·사회적 효과와 신체적 효과의 네 가지 측면에서 살펴볼 수 있다.

원예치료의 정서적 효과로는 대표적으로 심리적 안정감의 증가를 들 수 있다. 실제로 다양한 대상자에게 실시하고 있는 원예치료 프로그램은 학교부적응 학생의 불안과 우울감소, 정신지체인의 사회성과 대인관계 향상, 정신분열증 환자의 자기주장 및 사회성 향상, 노인의 삶에 대한 만족감에 이르기까지 정서적 안정 효과가 큰 것으로 보고되고 있다.

식물을 심고 기르는 원예활동 과정 등을 통해 새로운 기술을 습득하고 전체적인 안목과 계획성이 증가되며, 식물을 키우면서 식물의 변화를 느낄 수 있어 관찰력이 증가할 뿐만 아니라, 시각·청각·촉각·미각·후각 등 오감을 통해 주변에 대한 감수성이 예민해지고, 계획·준비·판단을 할 수 있는 능력을 향상시켜 감각과 지각 능력이 증가되는 효과가 있다.

또한, 각자 자기가 맡은 역할이 무엇인가를 알게 되며, 일을 하기 위해서는 서로의 권리를 존중해야 하고 협력해야 한다는 것과 책임을 분담하는 것이 효과적이라는 것을 알게 된다. 일을 책임지고 통솔하는 것을 경험하고, 그 과정을 통해서 자립심도 키워 줄 수 있다. 정성들여 기른 채소·과일·꽃 등의 생산물이나 자기가 만든 작품을 다른 사람에게 선물하면서 대인관계가 향상되는 효과가 있다.

신체적인 면에서는 근력강화와 균형감각을 유지시키며, 시선에 따라서 손이 같이 움직일 수 있는 능력(eye-hand coordination) 증가에 도움이 된다. 이러한 원예치료는 신체기능이 떨어지는 대상자에게 재활의 의미로 일반인에게는 신체기능의 유지와 증진 효과를 들 수 있으며, 신체에 스트레스 호르몬 감소와 면역성 증가, 지체부자유자 교정교육, 소외된 노인의 건강유지와 치매예방 등에 효과적이라는 최근 연구 결과가 있다. 실제 임상 현장에서 원예치료는 장애인에게 특히 재활환자의 대·소 근육의 기능적 향상, 인지기능 향상에 효과가 있으며, 그들의 신체적 균형과 건강에 효과적으로 작용하는 것으로 밝혀졌다. 야외 밭 작업이나 정원 활동으로 운동량이 많아 조깅이나 테니스 등과 같은 다이어트 운동과 전신운동에 좋은 효과를 줄 수 있다.

그림 2-8 치료, 재활, 예방적 원예치료의 활용

이러한 원예치료가 활용되는 기관 및 시설은 요양원·재활병원을 비롯한 전문치료기관과 사회복지시설·특수학교·실버타운·장애인작업장 등에서 실시되고 있으며, 이 외에도 소년원·학교·공장·어린이집·유치원·공부방·주민자치센터·식물원 등에서 교육과 사회복지의 일환으로 실시되고 있다. 앞으로 치료, 재활, 예방 영역뿐만 아니라 웰빙 시대에 건강하고 즐거운 삶을 누리는 데 꼭 필요한 요소로 활용이 더욱 확대될 것이다.

3장

식물을 사러 갑시다

1 식물 사기 전에 해야 할 준비운동

식물을 사서 예쁘게 기를 마음자세가 되었습니까? 아무리 예쁜 식물체가 옆에 있어도 기르는 사람이 마음에 들지 않으면 쓰레기가 되어 버립니다. 식물을 사고 싶은 마음이 생겼다면 우선 어떤 식물이 좋은 식물인지 알아보도록 합시다.

1) 좋은 식물을 어떻게 알아볼 수 있을까?

화초를 흔들었을 때 식물이 분과 같이 흔들리지 않고 따로 흔들린다면 뿌리가 튼튼한 것이 아니다. 또한 흔들 때 흰가루이와 같은 해충이 발견될 수도 있으므로 반드시 나무를 살며시 흔들어 볼 필요성이 있다.

분을 빼냈을 때 뿌리의 모양, 색 등을 체크한다. 뿌리와 흙의 엉킨 모양이 단단해야지 흐물흐물한 모양이어선 안 된다. 또한 뿌리 끝이 건강하고, 투명한 색이어야 한다. 또한 토양 내 토양깍지벌레, 응애, 선충 등 해충이 있는지 확인한다.

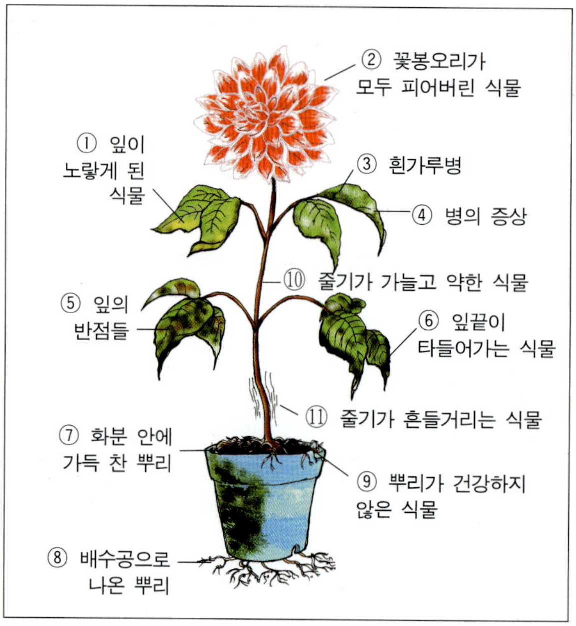

그림 3-1 식물을 살 때 주의해야 할 증상

분의 흙냄새를 맡아 본다. 숲에서 봄비가 내린 후의 냄새가 나면 좋은 흙이다. 썩어가는 감자와 같은 불쾌한 단 냄새가 나면 구입하지 않는 것이 좋다. 이런 경우에는 나중에 뿌리 또는 줄기가 썩는 현상이 나타나게 된다.

잎의 반점은 병을 의미한다. 물론 외부 접촉에 의해서도 반점이 생기기도 하지만, 조심하면 피해볼 일이 없기 때문에 되도록 외관이 깨끗한 식물을 고르도록 한다.

줄기가 가늘고 긴 식물, 잎끝이 갈색인 식물은 식물이 자란 환경이 좋지 못한 경우에 생긴다. 식물의 아래쪽잎이 황화된 경우 또는 아래쪽잎이 이미 떨어져 없어진 경우에는 경계해야 한다. 이런 경우에는 식물이 스트레스를 받은 상태이므로 식물을 구입하지 않는 것이 좋다.

잎의 뒷면을 잘 살펴보아라. 또한 잎과 줄기가 만나는 부분에도 해충이 잘 숨기 때문에 그 부분을 살피어서 해충이 없는 식물을 선택한다.

이미 꽃이 많이 피어 있는 상태의 식물은 그 순간 보기에는 그럴싸해 보이지만 최적의 상태가 이미 지난 식물이며, 조만간 꽃이 진다는 것을 의미한다. 대부분이 봉오리 상태인 것을 사와야 집에서 꽃이 활짝 필 때까지 오랫동안 감상할 수 있다.

그러나 국화와 미니장미의 봉오리는 태양광선을 제대로 받지 않으면 개화가 되지 않는다. 따라서 실내에서 꽃을 볼 목적이라면 국화와 미니장미의 경우에는 어느 정도 개화가 된 식물을 사는 것이 좋다.

2) 식물은 맘에 드는데 가격이 조금 비싸다면?

대부분의 식물은 그 크기에 비례하여 가격이 정해지므로, 큰 식물은 어린식물의 10배까지도 비싸다. 그만큼 키우는 데 많은 정성과 시간이 들어갔기 때문에 비쌀 수밖에 없다. 따라서 예상견적보다 식물 값이 비싸다면 조금 어린식물을 사면 저렴하게 구입할 수 있다.

또한 어린식물일수록 환경에 적응하는 능력이 뛰어나다. 온실에서 자라던 1미터 크기의 크로톤은 실내에 들여놓을 경우 몇 주 만에 죽어버리는 경우가 많지만, 10cm 정도의 어린 크로톤은 환경변화에 적응이 쉬우며 실내에서 2~3년 키우게 되면 크게 키울 수 있다. 저렴하게 구입해서 크게 키우면 그만큼 보람도 있고 애정도 생기므로 작은 식물을 구입하는 것을 적극 추천한다.

큰 식물일수록 자란 환경과 옮겨진 환경이 다른 경우 많은 스트레스를 받게 된다. 특히 온실과 같이 환경이 식물에 적합한 곳에서 열악한 환경인 실내로 옮겨질 때 스트레스를 많이 받게 된다. 크로톤(*Codiaeum variegatum pictum*)과 벤자민고무나무(*Ficus benjamina*)는 큰 식물일 경우 온실환경과 새로운 환경의 차이가 크다면 몸살앓이를 심하게 하거나 죽을 수 있다.

2 식물을 어디에서 사야 할까?

1) 동네 화원

가격이 도·소매점에 비해 비싸고 다양한 식물이 구비되어 있지 않다. 그러나 교통비와 운송비가 들지 않는다는 장점이 있다. 화원의 식물 보관 상태에 따라서 식물의 상태가 좋지 않은 경우도 있으므로 화원 내에 빛이 충분히 들어오는지 확인해 본다.

2) 도매점

(1) 공판장

① 양재동 화훼공판장 : 국내 최대의 화훼경매시장으로 도·소매 형태를 띠고 있는 상가이다.

하우스 형태의 분화매장이 가·나동으로 구분되어 있고, 지하생화매장·원예자재점·수족관·조경수 등이 있다. 영업시간은 오전 7시부터 오후 3시까지이다.

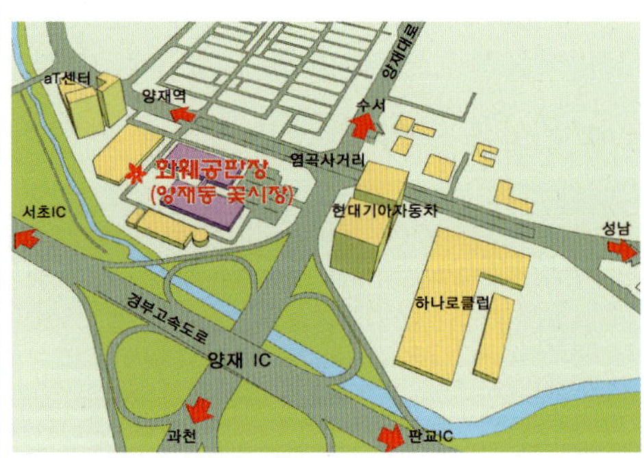

그림 3-2
양재동 화훼공판장의 모습(위)과 약도(아래)

(2) **도매시장(수도권)**

① 강남 고속터미널 꽃 도매상가: 경부선 터미널에 있어 지방고객의 이용 시 편리하다. 강남 꽃 도매상가는 생화·초화·부자재 등의 각종 꽃 관련제품을 판매하며, 새벽 1시부터 오후 1시까지 열고 일요일만 쉰다.

② 남대문 꽃 도매상가: 남대문 시장에 위치한 남대문 꽃도매상가는 평일은 새벽 3시부터 오후 3시까지, 금요일과 토요일은 오후 4시까지 영업한다. 교통편은 지하철 4호선 회현역에서 하차하면 된다.

③ 하남 화훼단지: 올림픽대로에서 미사리 조정경기장으로 가는 황산삼거리 부근에 위치하며, 아침 8시부터 오후 8시까지 영업한다. 교통편 이용 시 지하철 5호선 상일동역을 이용한다.

④ 과천 남서울 화훼집하장: 양재동 화훼공판장을 지나 강남 화물터미널에서 과천 쪽으로 가다 좌측에 위치해 있다. 오전 7시부터 오후 8시까지 영업하며, 비수기에는 1, 3주 일요일에 쉰다.

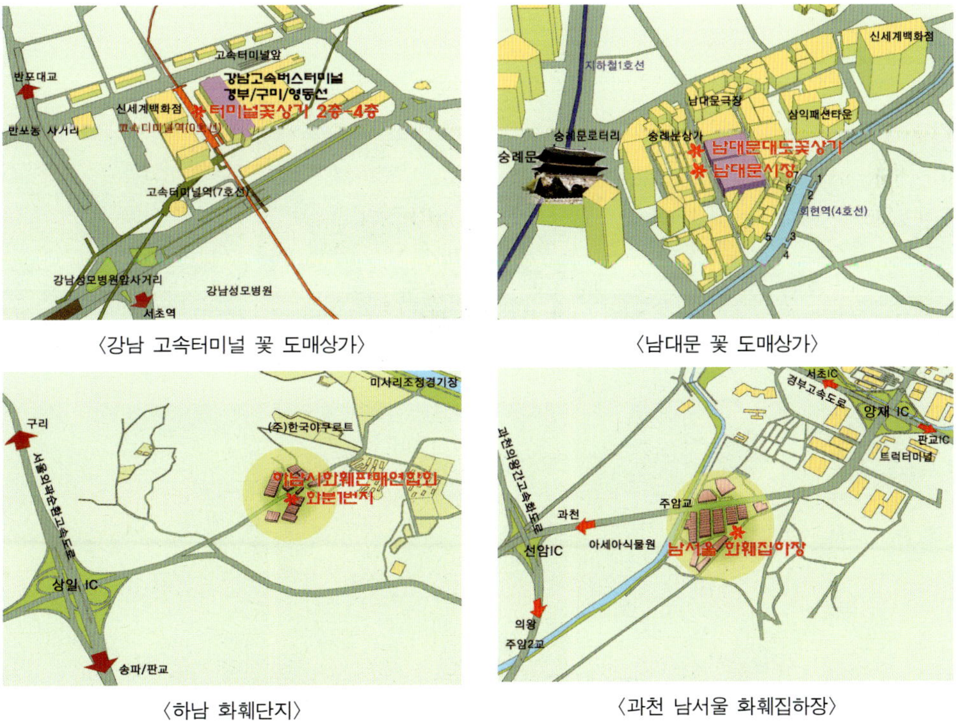

〈강남 고속터미널 꽃 도매상가〉 〈남대문 꽃 도매상가〉

〈하남 화훼단지〉 〈과천 남서울 화훼집하장〉

그림 3-3 서울 · 경기 주요 도매시장의 위치

3 식물의 분류

1) 일년생 초화류(Annuals)

일년생 초화류(Annuals)는 종자를 파종하여 싹이 튼 후 꽃이 피고 열매를 맺는 기간이 1년 이내인 식물이다. 1년 안에 생을 마치지만, 그 형태와 색이 화려하여 화단에 매우 많이 식재되는 종류들이다. 일년생 초화류는 종자를 파종하는 시기에 따라서 봄에 파종하는 춘파일년초, 가을에 파종하는 추파일년초로 식물을 구분한다.

춘파일년초(春播一年草)는 봄에 파종하여 여름부터 가을 사이 개화하며 코스모스, 해바라기, 메리골드, 샐비어, 나팔꽃, 봉선화, 맨드라미, 채송화 등이 해당한다. 추파일년초(秋播一年草)는 가을에 파종하여 월동 후 다음해에 개화하며 팬지, 프리뮬라, 데이지, 양귀비, 시네라리아 등이 속한다.

해바라기 / 코스모스 / 샐비어 / 메리골드 / 채송화

그림 3-4 춘파일년초

양귀비

팬지

데이지

프리뮬라

그림 3-5 추파일년초

2) 다년생 초화류(多年生草花類, Perennials) - 여러해살이풀, 숙근초

일년생 초화류는 겨울이 되면 지상부와 지하부 모두 죽지만, 다년생 초화류의 경우, 지상부는 죽지만 지하부가 살아남아 다음해 새싹이 나온다. 추위를 견디는 정도에 따라서 온실숙근초와 노지숙근초로 구분하며, 온실숙근초에는 카네이션, 제라늄, 군자란, 아프리칸바이올렛, 칼랑코에 등이며, 노지숙근초는 루드베키아, 금계국, 클레마티스, 숙근플록스, 옥잠화, 국화 등이 있다.

제라늄

카네이션

루드베키아

군자란

그림 3-6 다년생 초화류

3) 구근류(球根類, Bulbs) - 알뿌리식물

수선화

아이리스

그림 3-7 추식구근식물들

구근은 다년생 초화류이면서 식물체의 잎, 줄기, 뿌리 중의 일부가 토양 속에서 비대해져 알뿌리가 된 초화류를 의미한다. 식재시기에 따라서 봄에 심는 춘식구근과 가을에 심는 추식구근으로 분류한다. 춘식구근(春植球根)은 대부분 열대성 식물로서 봄에 심어 그해 꽃을 보는 식물인 칸나, 다알리아, 아마릴리스, 프리지아, 글록시니아 등이 있다. 추식구근은 온대성 식물로서, 가을에 심어 봄에 개화하는 식물이다. 추식구근(秋植球根)은 꼭 저온에서 어느 정도 지내야만 그 다음해의 생육이 잘 되는 특징을 가진다. 튤립, 나리, 크로커스, 히아신스, 수선화, 아네모네, 아이리스, 시클라멘 등이 포함되며, 가을부터 겨울을 거치면서 저온을 받고 그 이듬해 봄에 개화가 된다. 온실구근도 있는데 내한성이 약해 노지에서 월동이 불가능하고 주로 온실에서 재배하는 알뿌리식물로 프리지아, 구근베고니아 등이 있다. 우리 식탁에서 가장 많이 먹는 음식 재료인 양파, 감자, 고구마도 구근식물로서 대부분의 구근 관엽식물의 생김새가 양파나 감자 또는 고구마와 비슷하다.

4) 관엽식물(觀葉植物)

잎을 관상 가치로 보는 식물로 우리나라에서는 생육적온이 맞지 않아서 대부분 개화가 되지 않거나, 개화가 되더라도 수분·수정이 안 되는 식물들이다. 실내에 두면서 녹색을 감상할 수 있으면서 실내 유해가스들을 깨끗하게 해줄 수 있는 공기정화 식물들이 대부분 여기에 포함된다. 식물의 형태와 특징에 따라서 구분해 보자.

(1) 늘어지는 식물들

스킨답서스, 아이비, 왕모람, 러브체인, 달개비, 자주달개비

그림 3-8 늘어져서 토피어리를 만들 수 있는 식물들

(2) 키가 커서 집안의 포인트를 줄 수 있는 식물

쉐플레라, 파키라, 몬스테라, 드라세나 '맛상게아나', 팔손이, 아라우카리아, 야자종류

그림 3-9 키가 커서 포인트를 줄 수 있는 식물

(3) 중간크기로 적절하게 배치할 수 있는 식물

산세베리아, 알로카시아, 디펜바키아, 싱고니움, 칼라데아, 엽란, 폴리스키아스, 드라세나 '송오브인디아', 아스플레니움, 보스턴고사리, 스파티필름

폴리스키아스

산세베리아

싱고니움

디펜바키아 마리안느

그림 3-10 중간크기로 어느 곳에나 배치가 쉬운 식물

(4) 소품으로서 자그마하게 배치하면 예쁜 식물들

페페로미아, 수박페페로미아, 수박필레아, 피토니아, 드라세나 산데리아나, 접란, 테이블야자, 프테리스, 싱고니움, 안스리움, 선인장류, 다육식물, 금사철

테이블야자와 호야

금사철

수박필레아

수박페페로미아

접란

그림 3-11 크기가 작아 소품으로 사용할 수 있는 식물

(5) 색이 화려한 식물

칼라디움, 드라세나 '레인보우', 벤자민고무나무 스타라이트, 크로톤

칼라디움

드라세나 '레인보우'

크로톤

그림 3-12 색이 화려한 식물들

5) 다육식물과 선인장

다육식물(多肉植物)이란 줄기나 잎 등에 수분을 많이 포함하며, 통통한 조직을 가진 식물이며, 이중 가시가 있고 줄기가 비대된 식물이 선인장이다. 원산지는 고온 건조한 사막이므로 건조에 매우 강하다. 칼랑코에, 게발 선인장, 알로에, 선인장, 돌나물, 기린초 등이 다육식물에 속한다.

칼랑코에 토멘토사
(마다가스카르바위솔)

알로에

선인장 '여광전'

꽃기린

그림 3-13 잎이 통통하여 수분을 많이 포함한 식물

6) 난(Orchid)

난은 동양란과 서양란으로 구분하며, 서양란의 특징은 동양란에 비하여 화려하고 꽃수가 많은 특징을 가진다. 동양란은 꽃은 수수한 것이 특징이고 수가 적은 것에 비해서 향기가 좋다는 장점이 있다. 서양란을 대표하는 식물로는 심비디움, 카틀레야, 덴파레, 팔레놉시스(호접란), 온시디움, 반다 등이 있다. 동양란에는 춘란, 한란, 석곡, 풍란 등이 있으며, 우리나라와 중국·일본 등에서 자생하는 난과식물이 여기에 속한다.

호접란

그림 3-14 대표적인 서양란과 동양란

온시디움

반다

소엽풍란

7) 허브식물(Herb)

허브란 향이 있는 초본식물로, 요리·약용·향료·살균의 목적으로 쓰이게 된다. 우리가 요리를 할 때 사용하는 파, 마늘, 후추 이러한 것들 역시 허브식물에 포함이 된다. 허브식물에서 뽑아낸 기름을 정유라고 하며, 이러한 정유를 이용하여서 인체의 다양한 질병을 치료하는 기능을 연구하는 분야를 아로마테라피라고 한다. 아로마테라피에서 사용되는 정유는 모두 식물에서 뽑아낸 물질로서, 양약이 남용되는 시점에서 자연치유적 방법으로서 많은 인기를 얻고 있다. 또한 기호식품으로서 다양한 허브차의 등장과 더불어 소비량 역시 꾸준히 늘고 있으며, 향을 이용한 정신·육체적인 피로의 해결 등, 향을 이용한 응용분야는 무궁무진하다. 허브식물에는 라벤더, 로즈마리, 레몬밤, 타임, 바질, 제라늄, 애플민트, 페퍼민트, 세이지 등이 있다.

애플민트 레몬밤 로즈마리

그림 3-15 대표적인 허브식물

8) 식충식물

식충식물이란 곤충을 잡아서 소화액으로 소화시켜 영양분으로 섭취하는 식물이다. 식충식물은 파리지옥처럼 잎에 센서가 부착되어서 동물의 움직임이 포착되면 잎을 닫아서 곤충을 꼼짝 못하게 하는 형태와, 끈끈이주걱과 같이 끈끈한 액체가 나와서 착지하면 그대로 꼼짝 못하게 하는 형태, 네펜데스처럼 통 안으로 유인하여 소화를 시키는 형태 등으로 나뉠 수 있다. 작게는 모기부터 크게는 개구리까지도 소화시킬 수 있는 대난한 능력을 가졌나. 식충식물은 곤충과 같은 먹잇감이 없어도 식물이기 때문에 광합성으로 에너지를 얻을 수 있으므로 두 가지의 능력을 모두 겸비한 식물들이다. 파리지옥, 네펜데스, 끈끈이주걱, 사라세니아, 벌레잡이제비꽃 등이 여기에 속한다.

네펜데스

끈끈이주걱 파리지옥

그림 3-16 곤충을 잡아먹는 식충식물들

4. 식물의 이름을 어떻게 부르나?

학명의 표기는 라틴어로 사용하되 속명과 종명, 품종명을 보통 쓴다. 학명은 일반명과 영명에 비해서 식물을 정확하게 부를 수 있는 장점이 있으나, 외우기 어렵고 길기 때문에 일반인들이 사용할 때는 간단한 영명이나 속명만을 사용하는 경우가 많다. 벤자민고무나무 '스타라이트'의 예를 들어보자.

그림 3-17 벤자민고무고무 '스타라이트'

학　명 : 속명　　종명　　품종명
Ficus benjamina 'Starlight'
Ficus benjamina cv. Starlight
영　명 : weeping fig 또는 benjamin tree
일반명 : 벤자민고무나무 '스타라이트'

대부분 영명의 경우는 속명, 종명, 또는 품종명 중 하나를 따서 부르는 경우가 많으며, 식물의 생김새나 특징으로 이름을 짓는 경우도 많다. 일반적으로 속명을 따서 이름을 부르는 경우가 대부분이다. 또한 소매점, 도매점 등에서는 긴 이름은 외우기도 어렵고 귀찮기 때문에 간단하게 두 자나 세 자로 압축하여 부르는 경우도 많다.

속명을 쓰는 예 : 싱고니움 *Syngonium podophyllum* Schott.
칼랑코에 *Kalanchoe blossfeldiana*
종명을 쓰는 예 : 벤자민고무나무 *Ficus benjamina*
푸밀라고무나무(왕모람) *Ficus pumila*
형태나 특징으로 이름을 짓는 경우 : 산세베리아 snake plant (잎이 뱀 모양이다.)
나팔꽃 morning glory (꽃이 아침에만 핀다.)

4장

식물은 어떻게 생명을 유지하는가?

1 식물은 자손번식을 위해 꽃을 피워요~~

1) 식물의 사랑

식물의 사랑은 우선 꽃이 피어야만 가능하다. 꽃이 피면 꽃잎 안에 숨겨져 있던 암술과 수술이 세상을 만나게 된다. 꽃은 식물의 일부일 뿐이지만, 그 다음 세대를 이어줄 중요한 역할, 즉 번식을 위한 생식기관의 역할을 한다.

꽃이 처음으로 생길 때는 초록색 봉오리 상태이지만, 그 후 햇빛을 많이 받게 되면 봉오리 안쪽에서 색깔이 예쁜 꽃잎과 수술, 암술이 생기게 된다. 꽃이 피게 되면 이제 수정되어 씨앗을 생성할 준비가 되었다는 것을 나타낸다. 꽃은 어떻게 생겼으며, 수분·수정은 어떠한 과정으로 일어나는지 알아보자.

2) 예쁘게 핀 꽃은 어떻게 이루어져 있을까?

가장 바깥 부분에서 꽃을 지지하고 있는 부위는 꽃받침으로 초록색이다. 그 다음은 우리 눈에 아름답게 보이는 꽃잎으로, 암술과 수술을 보호함과 동시에 곤충들에게 수분을 도와줄 위치를 표시하기 위한 수단이 된다. 그 안쪽에 중요한 생식기관인 암술과 수술이 존재한다. 이와 같이 꽃은 암술, 수술, 꽃잎, 꽃받침으로 이루어져 있다. 꽃에서 씨앗을 만드는 장소인 암술은 암술머리·암술대·씨방으로 이루어져 있으며, 수술은 꽃가루와 수술대로 이루어져 있다.

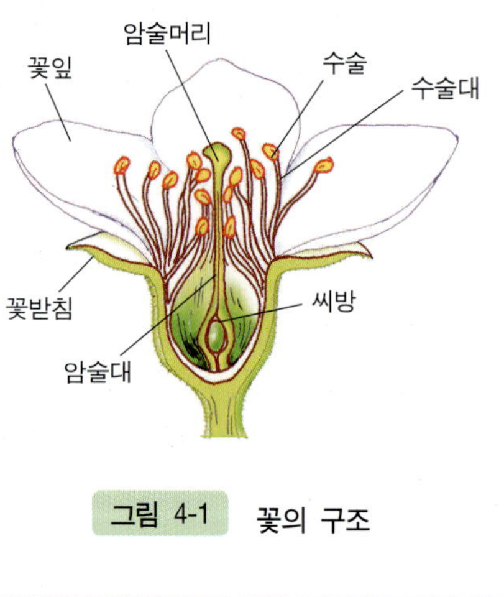

그림 4-1 꽃의 구조

암술머리에 꽃가루가 앉는 과정을 수분이라고 하며, 암술머리는 수분 시기가 되면 꽃가루받이(수분)가 잘 이루어지도록 끈적끈적해진다. 수분이 일어난 후에는 암술머리의 꽃가루는 아주 가느다란 화분관을 만

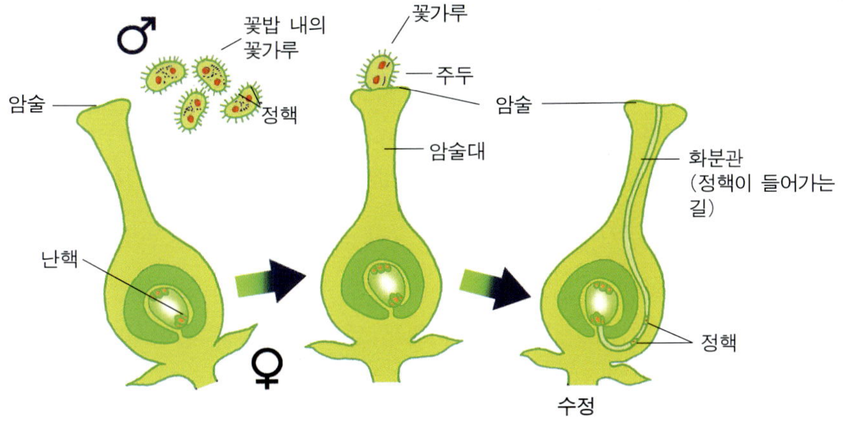

그림 4-2 수분과 수정

들어 암술대 속으로 길게 뻗어 내려가 씨방 안으로 들어간다(그림 4-2). 씨방에서 꽃가루 속의 정핵 두 개는 각각 씨방 속의 난세포와 극핵과 결합한다. 이 결합이 곧 '수정'이다. 사람의 경우에도 임신을 하면 배가 부르듯이 식물도 열매를 형성하여서 씨앗을 보호하게 된다. 물론 열매를 생성하지 않고 씨방 내에서 씨앗만을 성숙시키는 식물도 있다.

3) 씨앗을 만들기 위한 꽃가루의 여정

어떤 꽃가루는 자기가 태어난 꽃의 암술에서만 수분·수정이 일어나며, 이러한 경우를 자가수정이라고 한다. 그러나 수분은 되지만 수정이 일어나지 않을 수 있으며, 이것을 자가불화합성이라고 한다. 보다 형질이 좋은 씨앗을 만들기 위한 식물의 본능이라고 할 수 있으며, 이러한 식물의 꽃가루는 다른 암술을 만나기 위해서 여행을 해야만 하는 것이다.

바람을 타고 여행을 하는 꽃가루는 무게가 매우 가볍고 그 양이 아주 많다. 그래야 바람을 타고 쉽게 날아다니기 때문이다. 많은 꽃가루 중에서 아주 적은 수의 꽃가루만이 수분에 쓰이고 나머지는 땅에 떨어져서 무용지물이 되어버린다.

다음으로 곤충의 도움으로 꽃가루가 다른 식물의 암술에 수분이 되는 경우이다. 곤충을 이용하는 식물의 꽃가루의 크기는 바람을 이용하는 식물보다 조금 크고, 개수도 적고, 곤충의 몸에 잘 달라붙을 수 있도록 작은 톱니 같은 것이 돋아 있다.

꽃이 이러한 곤충을 유혹하는 방법은 바로 아름다운 꽃색과 꿀, 그리고 향기이다. 꽃이 만든 꿀을 찾아다니다 곤충은 무심코 꽃가루를 건드리며, 이 꽃에서 저 꽃으로 꽃가루를 옮겨서 수분·수정이 이루어진다.

오직 곤충들만 수분을 도와주는 것이 아니다. 새의 경우도 꿀을 먹기 위해서 큰 부리를 꽃에 밀어 넣는데, 이때 부리에 꽃가루를 묻히게 된다. 다른 꽃에 있는 꿀을 먹을 때 부리에 묻어 있던 꽃가루가 암술에 수분이 되는 경우도 있다.

꽃은 벌과 나비 같은 곤충을 유인하기 위해 예쁜 꽃잎, 꿀, 향기와 같은 무기를 가지고 있음에도 더 화려하게 보이기 위해서 꽃받침과 잎을 변형시켜서 꽃의 형태로 보이게 한다.

4) 꽃은 아니면서도 꽃보다 더 화려해 보이는 그 무언가가 있다?

곤충을 유혹하기 위해서 꽃의 화려함으로도 모자라 꽃받침과 잎을 꽃모양으로 변화시켜 꽃의 형태를 지닌다. 이러한 꽃받침을 악편이라고 하며, 원래는 초록색을 띠지만 그 색과 형태가 변화하여 꽃잎 모양을 나타낸다. 악편이 꽃잎 모양으로 변형된 것에는 백합, 난, 수국 등이 있다(그림 4-3).

백합(꽃받침 3개, 꽃잎 3개)

난(꽃받침 3, 꽃잎 2개, 설판 1개)

수국

그림 4-3 악편인데 꽃잎처럼 보이는 식물

잎이 꽃잎의 모양을 한 식물에는 포인세티아, 부겐빌레아 등이 있으며, 잎의 형태와 모양이 변화하여 꽃잎 모양을 하는 이러한 것을 모엽이라고 부른다(그림 4-4).

특히 육수화서의 경우, 꽃잎처럼 보이는 잎을 불염포라고 부르며 꽃을 싸고 있는 잎이 변형된 큰 꽃턱잎이다. 안스리움, 스파티필름 등이 여기에 속한다(그림 4-5).

포인세티아 부겐빌레아

그림 4-4 포엽인데 꽃잎처럼 보이는 식물

스파티필름 안스리움

그림 4-5 불염포로서 꽃잎처럼 보이는 식물

5) 종자들의 영토확장

사람도 자신의 영토를 넓히기 위해서 전쟁을 하듯 식물도 자신의 영역을 넓히기 위해 종자를 퍼트린다.

(1) 날아다니는 종자들

단풍나무, 참피나무, 서양물푸레나무, 소사나무와 같은 식물의 경우 종자가 공중에 떠다니는 시간이 많아서 여러 곳으로 날려 흩어진다. 특히 단풍나무 씨앗의 경우에는 날개가 달려서 헬리콥터의 프로펠러처럼 빙글빙글 돌면서 날아다닌다. 씨앗 날개의 길이, 씨앗의 무게 등이 바람에 멀리 날아가기 적당하기 때문에 멀리까지 여행이 가능하다. 민들레 씨앗의 경우에는 솜털(관모)이 달려 있어 바람에 의해 잘 날아가며, 낙하산처럼 멀리 날아가 싹을 틔운다(그림 4-6).

그림 4-6 날아다니는 종자들

(2) 터져서 멀리 날아가는 종자들

우리가 손톱에 물을 들이는 봉선화의 경우에는 씨방을 건드리면 톡 터지면서 씨앗이 순식간에 튀어 사방으로 흩어진다. 제라늄의 경우에도 열매가 우산처럼 활짝 펴지면서 씨앗들이 마구 흩어진다. 제비꽃, 참깨, 콩 등이 이러한 형태로 종자의 이동이 멀리까지 일어난다.

(3) 새들의 먹잇감이 되어 이동하는 종자들

식물의 붉은 열매는 새들의 좋은 먹잇감이며, 동물의 뱃속에 들어갔다가 배설물과 함께 씨들도 몸 밖으로 나와 사방으로 흩어지게 된다. 새들의 이동 덕분에 종자는 보다 먼 곳으로 이동하여 새싹이 나게 된다.

(4) 동물의 털에 달라붙어서 이동하는 종자들

도깨비바늘, 도꼬마리, 쇠무릎, 우엉, 짚신나물 종자들은 동물의 털이나 사람의 옷에 붙어서 다른 장소로 이동하게 된다. 씨앗 끝에 갈고리 같은 것이 있어서 털이나 옷에 잘 달라붙는 특징을 가진다(그림 4-7).

그림 4-7 털에 달라붙어 이동하는 종자

2. 식물은 광합성으로 밥을 먹는다

동물들은 움직이면서 먹잇감을 찾아 먹지만, 식물은 움직일 수 없는 상태이므로 영양분을 자신의 위치에서 움직임 없이 섭취해야 한다. 인간은 영양분을 소모하는 데 반해서 식물은 영양분을 만들어 낼 수 있는 놀라운 능력을 가졌다. 영양분을 만들어 내는 과정에서 식물은 우리가 호흡하는 데 가장 중요한 산소를 생성한다. 그와 동시에 우리가 호흡을 하면서 내놓는 이산화탄소를 식물이 흡수를 한다. 이 둘은(인간과 식물) 서로 의존하면서 삶을 살아가고 있다.

광합성을 하기 위해 식물의 잎에서는 태양에너지, 이산화탄소를 흡수하며, 땅 속의 뿌리에서는 식물의 영양분을 만드는 데 필요한 물과 무기물을 흡수한다.

1) 광합성은 어디에서 일어나는가?

광합성은 대부분 잎에서 일어난다. 더 엄밀히 말하자면, 잎에 있는 세포의 엽록체라는 소기관에서 일어난다. 잎의 세포는 엽록체 내에 엽록소라는 색소를 가져서 녹색을 나타내게 된다. 녹색이 많다는 것은 엽록소를 가지고 있는 엽록체가 많이 있다는 것을 나타내며, 더 많은 광합성이 일어나게 된다. 그러므로 식물체가 영양분을 많이 만들어서 잘 크고, 꽃도 잘 피우고, 열매를 맺게 하기 위해서는 기본적인 에너지 생성 공장인 잎이 많아야 가능한 일이다. 광합성의 시작은 엽록소에서 햇빛을 받는 일부터 시작되게 된다. 우리 근처에 가장 풍부한 세 가지 요소, 즉 빛, 이산화탄소, 물을 이용해서 식물은 포도당을 생성하게 된다.

2) 식물은 빛, 이산화탄소 그리고 물만으로 에너지원인 포도당을 만든다

우리가 먹을 것을 중요하게 여기듯이 식물도 햇빛에 많은 집착을 한다. 식물을 실내에서 키워 본 사람이라면 식물이 창가 쪽을 향해서 휘어지는 것을 알 것이다. 이렇게 노력을 해서 받는 빛은 누가 차지하는가? 바로 엽록체(chloroplast) 내의 엽록소

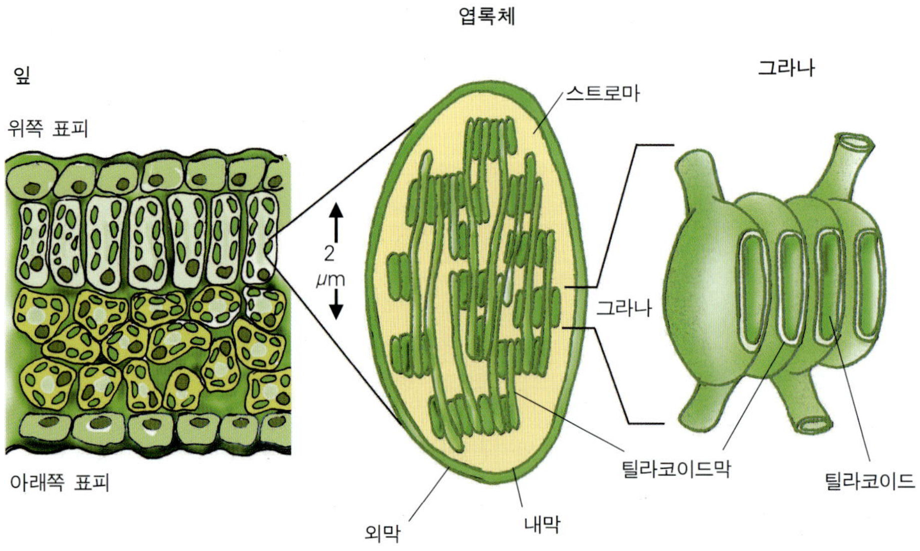

그림 4-8 광합성이 일어나는 엽록체의 모식도

(chlorophyll)이며, 엽록체의 막인 틸라코이드막에 들어 있다. 엽록소에서 빛을 받아들임과 동시에 나타나는 현상이 물의 분해과정이다. 물이 분해됨에 따라서 산소가 발생되며, 이 산소를 우리가 호흡하는 데 사용하게 된다.

기공에서 흡수된 이산화탄소는 포도당($C_6H_{12}O_6$)을 만드는 데 사용되며, 앞에 있는 6개의 탄소가 이산화탄소(CO_2)에서 얻어진다. 이러한 과정은 엽록체의 스트로마에서 일어나며, 포도당의 생성 장소가 바로 스트로마이다. 따라서 전자현미경으로 살펴보면 엽록체에 전분의 축적이 발견되기도 한다. 이러한 탄수화물의 생성은 에너지의 축적 형태이다. 식물이 자라거나 에너지가 필요할 때, 탄수화물을 분해해서 ATP라는 에너지를 생성하게 된다. 이 과정을 우리는 호흡이라고 부르며, 광합성에 의해서 만들어 놓은 고분자 화합물을 깨뜨려서 저분자 화합물로 만들고 그 부산물로서 ATP를 생성하게 된다.

우리는 밥을 많이 먹으면 비만이 되지만, 식물은 광합성에 의해 탄수화물이 많아지게 되면 광합성을 멈추게 된다. 빛을 너무 받아서 뚱뚱한 식물이 될 염려는 없으니, 충분히 빛을 제공해 주는 것이 좋다.

3) 광합성에서 얻은 포도당은 호흡에 의해서 에너지로 전환이 된다

우리들이 말하는 호흡은 산소를 들이마시고 이산화탄소를 배출하는 과정에서 에너지원을 만드는 것을 의미한다. 식물의 호흡도 비슷한 과정이며, 산소를 흡수하면서 포도당이 분해되어서 에너지원인 ATP를 형성하게 되며 그 결과물로 이산화탄소가 발생하게 된다. 이들 ATP는 식물의 생장 및 발육의 모든 대사에 있어서 에너지를 공급하는 기본단위이다. 광합성에 의해서 생긴 에너지원을 식물이 이용할 수 있는 에너지단위로 바꾸는 역할을 호흡이 담당하게 되는 것이다. 에너지원을 잘 만드는 것이 광합성, 그리고 이것을 식물이 필요할 때 ATP로 전환시켜 주는 역할을 호흡이 하는 것이다. 만드는 것도 중요한 역할이지만, 만들어 놓은 에너지원을 식물이 필요로 할 때 제때 공급시켜 주는 것 역시 호흡의 가장 중요한 역할이라고 할 수 있다.

3 식물은 물을 토양에서 빨아올려서 기공으로 뿜어내는 펌프

인간도 건강을 유지하기 위해서는 하루에 2리터 정도의 물을 마신다. 몸에서 사용하고 남은 물은 땀이나 소변의 형태로 밖으로 배출된다. 식물도 체중의 80~90%가 수분이기 때문에 수분은 식물의 생장 및 발육에 있어 필수적이다. 식물은 흡수된 수분의 대부분을 증산작용을 통해서 대기로 방출하게 된다.

인간은 입으로 물이 들어가면 아래쪽에 소변으로 배출되므로 이상할 것이 하나도 없다. 하지만 식물의 경우에는 아래쪽 뿌리에서부터 수분이 흡수되어서 가장 위쪽에 존재하는 잎으로 수분의 방출이 일어난다. 키가 큰 나무의 경우에는 수십 미터가 되는 나무도 있으니, 자연적인 힘으로 뿌리에서부터 수십 미터 위의 잎까지 물을 날라 대기로 보내는 작업은 참으로 신기한 식물의 신비이다.

1) 물이 이동하는 통로

식물은 뿌리·줄기·잎의 세 부위로 구성되어 있으며, 수분의 이동경로는 뿌리로부터 줄기·잎에 있는 기공의 순서로 방출된다(그림 4-9).

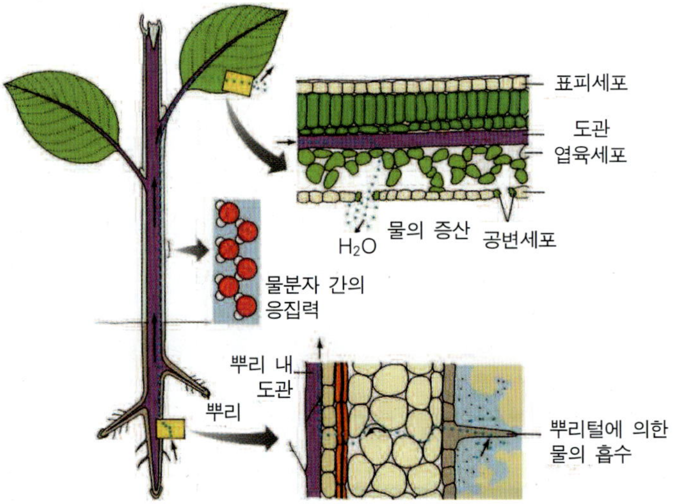

그림 4-9
식물체에서 수분의 이동경로

2) 환경에 따라 조절되는 증산작용

증산작용이 너무 많아지게 되면 식물의 수분 스트레스가 증가될 확률이 커진다. 그런 경우에는 증산작용을 줄여 식물체 내의 수분 부족 현상을 최소화시켜 식물의 생장을 촉진시킬 수 있게 된다. 증산을 적게 하기 위해서는 그 원동력인 기공을 닫게 하면 되지만, 그런 경우 광합성에 필요한 이산화탄소의 흡수가 이루어지지 않아 식물의 영양공급이 불충분해진다. 따라서 기공의 열림과 닫힘의 조절보다는 외부환경을 조절하여 식물로부터의 수분방출을 낮추는 것이 좋다. 가장 근본적인 문제는 토양 내 수분을 충분히 공급하는 것이며, 토양 내 수분이 부족할 경우 식물은 수분 스트레스를 받을 것이다.

그 다음의 환경적인 요인이라면 빛·온도·습도 등이 있으며, 이 세 가지 요인만 잘 조절한다면 식물을 수분 스트레스 없이 잘 키울 수 있을 것이다. 온도가 너무 높은 경우에는 증산이 많아지게 되며, 빛이 강할 경우 수분 스트레스를 증가시킬 수 있는 요인이 될 수 있다. 마지막으로 습도가 낮은 경우 기공으로부터의 수분 방출이 많아지게 되므로 식물의 수분 스트레스가 증가된다. 겨울철 실내의 경우 식물이 수분 스트레스 없이 잘 자라기를 원한다면 자주 스프레이를 해주어서 공중습도를 높여 주는 것이 좋다.

3) 증산과 식물의 생육

증산이 많다는 것은 식물체 내의 수분이 많이 방출된다는 것이고, 증산이 적다는 것은 식물체 내의 수분 함유량이 많을 수 있다는 것이다. 따라서 증산이 많을수록 식물체의 생장은 느려지지만, 반대의 경우에는 식물의 생장이 빨라진다.

상대습도가 높은 경우에는 증산작용이 억제되어 식물체 내 수분 함량이 높아서 단기간 내에는 식물의 빠른 생장을 유도할 수 있다. 반면에 습도가 낮으면 증산작용이 활발해져서 잎이 빠르게 퇴색하거나 식물이 시드는 현상을 보이며, 식물 생장이 더디게 진행된다. 식물의 종류에 따라서도 좋아하는 상대습도가 있다. 선인장은 30~40%의 상대습도로, 대부분의 식물은 60~70%, 열대 관엽식물은 70~80%의 습도로 식물을 유지해 주는 것이 좋다. 선인장의 경우에는 너무 습하면 식물의 부패현상이 많아지며, 열대 관엽식물은 너무 건조하면 수분 스트레스를 받게 된다.

4... 식물의 생로병사를 책임지는 호르몬

식물에는 옥신, 지베렐린, 시토키닌, 엡시스산, 에틸렌 이렇게 다섯 가지의 대표적인 호르몬이 있다. 그 중 옥신·지베렐린·시토키닌은 식물의 생육을 촉진시키는 호르몬이고, 엡시스산과 에틸렌은 식물의 노화를 촉진시키며, 스트레스를 받을 경우 발생되는 호르몬이다.

[그림 4-10]에서와 같이 식물의 생장이 왕성한 시기에는 옥신·지베렐린·시토키닌과 같은 호르몬이 식물체 내에서 많이 생성되지만, 식물이 일생을 마감할 때에는 노화호르몬인 에틸렌과 엡시스산과 같은 호르몬이 발생되어 식물의 생육이 저하되거나 죽게 된다. 특히 스트레스를 받을 때 많이 발생되는 호르몬인 엡시스산은 식물체가 염스트레스 또는 수분 스트레스 등 각종 스트레스를 받을 경우에 발생되는 호르몬으로서, 식물의 생장을 최소한으로 감소시켜 식물체가 스트레스에 방어할 자세를 갖추게 한다. 그래서 엡시스산을 일명 스트레스 호르몬이라고 일컫기도 한다. 식물의 생장·개화·노화 현상은 위에서 설명한 다섯 가지 호르몬의 농도가 어떻게 변화하는가에 의해 일어나며 식물의 생로병사의 방향은 호르몬의 균형에 의해 좌우된다.

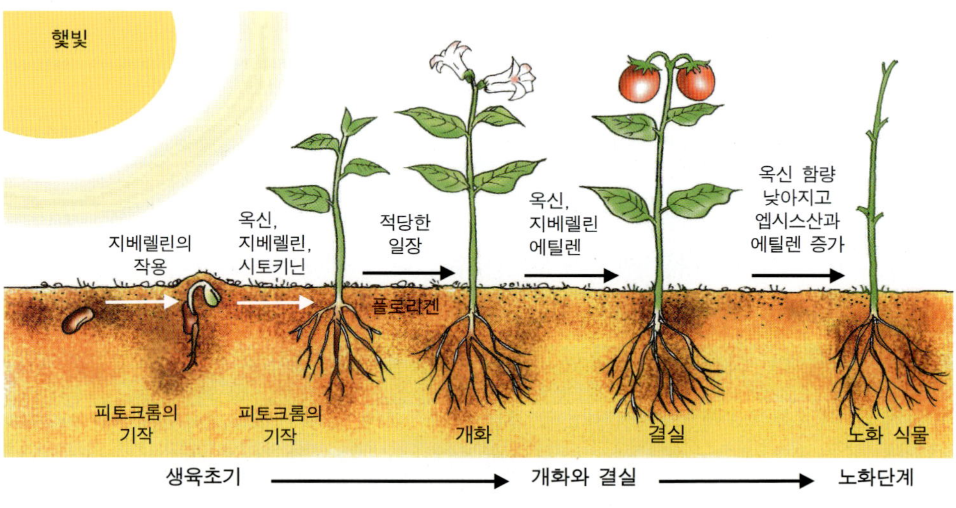

그림 4-10 식물의 생육에 영향을 미치는 호르몬의 역할

5장

식물을 어떻게 관리해야 하는가?

1 물 주 기

식물을 잘 키우기 위해서는 물을 어떻게 주는 것이 좋을까? 또는 빛이 잘 들어오는 곳에 두어야 할까? 아니면 그늘에 두어야 할까? 등 여러 가지 다양한 궁금증이 생길 것이다. 우선 식물이 좋아하는 위치에 놓았다면 그 다음으로 중요한 것은 물주기이다. 식물을 키워 본 경험이 없는 초보자들이 가장 실수를 많이 하는 것이 물주기를 소홀히 하거나 또는 너무 자주 주어서 식물을 죽이는 것이다.

그럼 먼저, 물주기에 대해서 알아보자.

1) 물주기의 간격을 결정하는 요인들

물주기는 식물의 생육에 있어서 가장 중요한 일이며, 물주기만 잘하면 식물을 탐스럽고 예쁘게 키울 수 있다.

식물이 실외의 땅에 심겨진 경우에는 수분 스트레스의 완충효과가 크다. 즉 땅이 넓기 때문에 수분이 부족하면 뿌리를 어디에든 뻗어서 물을 빨아들일 수 있다. 그러나 실내의 화분에 심겨진 경우에는 화분 내 수분이 모두 없어진 후에는 수분의 공급원이 따로 없기 때문에 수분 부족으로 스트레스를 받게 되고 심하면 말라죽게 된다.

실외식물보다는 실내식물의 경우, 물주는 사람의 정성에 의해서 잘 자랄 수도 있고 그렇지 않을 수도 있다.

물주기는 모두 동일하게 해주어야 하는가? 물론 NO!!

화분에 물을 주는 주기는 환경적인 요인(온도, 습도), 식물의 종류, 그리고 분의 크기 및 토양의 성질 등에 의해 달라진다.

(1) 온도

온도가 높으면 높을수록 물을 더 자주 주어야 한다. 이것은 한여름을 생각한다면 쉽게 이해가 된다. 온도가 높으면 물의 기화작용이 빨라지기 때문에 증산작용이 훨씬 더 많이 일어난다. 따라서 여름에는 아침, 저녁으로 물을 주어야 하는 경우도 있다.

(2) 습도

습도가 높은 경우에는 습도가 낮은 경우에 비해 증산작용이 줄어들게 되므로 물을 많이 줄 필요가 없으나, 습도가 매우 낮은 봄철에는 물을 자주 주어야 식물의 수분 스트레스를 피할 수 있다. 겨울철의 경우에는 습도가 매우 낮은 편이기는 하지만, 온도가 낮아 식물의 생육이 활발하지 않기 때문에 물을 너무 많이 줄 경우에는 뿌리가 썩을 위험이 있다. 또한 여름철 장마기 때에는 물을 너무 자주 주게 되면 과습이 되어 세균 및 곰팡이가 많아지게 되므로 주의한다.

(3) 식물의 종류

식물의 종류에 따라서 물을 좋아하는 것과 그렇지 않은 것으로 나눌 수 있다. 아래 그룹을 기준으로 물주는 간격을 조절해 보자.

① 수생식물 : 물이 많은 연못 같은 곳에서 자라는 식물로서, 엽병과 뿌리에 통기조직이 발달되어 있으므로 산소나 이산화탄소 등 생장에 필요한 기체의 교환이 쉬우며, 뿌리가 물속에 있어도 썩지 않는 특징을 가진다. 부레옥잠, 연, 수련, 워터레터스(물상추), 시페루스, 파피루스 등이 있으며 물을 아주 좋아하는 식물이다.

워터레터스(물상추) | 물채송화 | 파피루스

시페루스 | 부레옥잠 | 수련

그림 5-1

수생식물의 종류

② 습생식물: 천남성과 식물들이 여기에 속하며, 줄기에 통기조직이 발달되어 있어 비교적 습한 조건에서도 잘 자란다. 따라서 토양재배 또는 수경재배 양쪽 모두 가능하다. 물을 많이 주어서 과습이 되더라도 뿌리가 잘 발달되는 특징이 있으므로 뿌리가 썩지는 않을까 하는 염려는 하지 않아도 된다.

그림 5-2 습생식물의 종류

습생식물은 대부분 수경재배가 가능하여 [그림 5-3]과 같은 수경재배용 화분에 심어 기르면 편리하다. 수경재배용기는 일반적으로 하이드로볼과 같은 특수토양을 사용하며, 수위계가 있어 통 내의 수분함량을 표시하는데 min(최소)과 max(최대) 사이로 수위계가 오면 적당하다는 의미이다. 물 줄 시기로 고민할 필요도 없으며, 물 주는 간격이 일반 화분보다 더 길기 때문에 관리가 편리하다. 또한 물가꾸기를 할 경우 화분받침이 필요 없기 때문에 관리상 위생적이며, 분갈이의 횟수 또한 줄어들며, 물이 새지 않기 때문에 배치 장소에 제약을 받지 않는다(그림 5-3). 그러나 관엽식물을 수경재배시 토양에서 재배할 때보다 생육속도가 느려지는 단점이 있다.

그림 5-3 수경재배의 장점

③ 중생식물: 대부분의 원예식물이 여기에 포함된다. 중생식물의 관리는 습생식물과 건생식물의 중간쯤으로 수분관리를 해주면 된다. 너무 수분이 많으면 뿌리가 썩게 되는 현상이 나타난다.

인도고무나무 / 파키라 / 드라세나 / 벤자민고무나무 스타라이트

그림 5-4 중생식물의 종류

④ 건생식물: 사막이나 건조한 토양에서 잘 자라는 식물로 다육식물이나 선인장 등이 포함되며, 이들은 체내에 저수조직이 발달되어 있어 건조에 잘 견딘다. 조직이 수분을 많이 포함하고 있으며 뿌리의 발육이 수분이 많은 조건보다는 건조하며 산소가 많은 조건을 좋아한다. 물빠짐이 잘 안 되거나 과습 시 곰팡이의 발생 및 세균의 번식이 우려되므로 물주기를 적게 하는 것이 좋다.

변경주 / 비화옥 / 산세베리아 / 꽃기린

그림 5-5 건생식물의 종류

(4) 화분의 크기 및 토양의 종류

화분이 식물에 비해 지나치게 작은 경우 토양 내 수분이 빨리 줄어들기 때문에 자주 물을 주어야 한다. 따라서 물주기를 자주 해야 하는 번거로움을 없애기 위해 좀더 큰 분으로 분갈이를 해주어야 한다. 그러나 반대로 식물체에 비해 너무 큰 화분을 선택하여 분갈이한다면 화분에 물이 항상 많은 상태가 되어서 뿌리의 생육이 저조해질 수도 있다.

화분의 크기뿐만 아니라 화분 내 심겨진 토양의 종류 역시 물주기의 횟수를 조절하는 요인이 된다. 토양이 수분을 많이 함유하는 토양(보수력이 좋은 토양)은 물주기 횟수를 적게 해도 좋지만, 토양이 수분을 많이 함유하지 못하는 토양(통기성이 좋은 토양)의 경우에는 자주 물주기를 해야 한다.

2) 올바른 물주기 방법

분화식물에 있어서 물은 생명유지에 필수적이다. 화분 내 수분의 많고 적음은 식물의 생육을 결정하는 중요한 요인이므로 물주기 시점을 잘 파악하는 것이 필요하다.

① 물주기 전 새끼손가락으로 화분 윗부분을 찔러 보아 그 느낌을 알아보면서 물을 줄 시점을 파악한다. 대부분의 관엽식물의 경우에는 찔러 보아 아래쪽에 건조한 느낌이 나면 관수를 해주어야 한다. 양치식물이나 습지를 좋아하는 식충식물의 경우에는 표면이 항상 촉촉해야 하므로 관수를 자주 해야 하며, 이에 반해 선인장과 다육식물은 관엽식물에 비해서 물주기를 더 띄엄띄엄 해주는 것이 좋다.

② 여름철에는 온도가 높기 때문에 생육이 빠른 식물의 경우 하루에 물을 두 번씩 주는 경우도 있을 정도로 증산작용이 많다. 겨울철에는 식물의 생장이 거의 없는 시기이므로 여름보다 물주기를 적게 해야 뿌리가 건강하다. 겨울철에는 실내 습도가 매우 낮으므로 토양에 물을 주는 방법보다는 분무기로 식물체 주변의 상대습도를 높여 주는 방법을 취하는 것이 좋다.

③ 대부분의 식물은 배양토 위에다 물주기를 하는 경우가 많지만, 잎에 물이 닿으면 썩거나 반점이 생기는 식물, 아프리칸바이올렛이나 시클라멘과 같은 식물은 아래쪽에서 물을 빨아올리게 하는 심지재배나 저면관수를 해주는 것이 좋다(그림 5-6).

④ 물을 자주 조금씩 주는 방법보다는 한 번에 많이씩(배수공에서 물이 나올 때까지) 간격을 두고 주는 것이 뿌리 및 지상부 생육에 효과적이다. 물을 조금씩 자주 주게 되면 뿌리의 생육이 활발해지지 않기 때문에 갑작스러운 수분결핍으로 식물이 견디지 못한다.

표 5-1 토양 내 물의 양과 식물의 생육

토양 내 물이 부족할 경우	토양 내 물이 과다할 경우
- 잎이 시들게 되고 영양결핍 증상이 나타나, 아래쪽 잎부터 황변이 일어나는 경우가 많고, 심하면 말라죽는다. - 수분이 부족하면 지상부보다 지하부의 생육이 더 많아지고 뿌리털이 많이 발생되게 된다. 즉 지상부로 갈 영양분이 지하부로 가게 되어 영양분의 손실이 많아진다.	- 물주기를 자주하여 과습한 경우에는 토양 내 산소가 부족하여 뿌리가 썩게 된다. 결국 뿌리가 양분과 수분을 식물체로 공급하지 못해 생육이 억제되고 심하면 죽게 된다.

물주기의 번거로움을 해결해 보자.

식물을 너무 사랑하기는 하는데 너무 바빠서 식물에 물을 줄 시간이 없다든가, 여행을 장기간 가야 한다면 자동관수 시스템을 이용해 보자(그림 5-6).

그러나 자동관수 시스템만을 믿고 식물 보기를 멀리한다면 그것은 금물!! 식물은 물보다도 당신의 사랑이 더 필요하다.

내가 물을 자주 주는 편인지, 아니면 그 반대인지 알아보려면??

분갈이 시 화분에서 식물을 꺼내었을 때, 화분 내에 뿌리가 꽉 차 있어서 흙이 떨어지지 않으면 잘 키운 편이다. 단 식물체 윗부분 역시 뿌리보다 더 잘 컸을 경우가 해당된다. 너무 물을 안 주었을 경우에는 지상부의 생육은 부진하고 뿌리만 무성하게 큰 경우가 있다. 즉 지상부로 갈 영양분이 물을 찾기 위해 뿌리로 다 쓰였기 때문이다. 반대로 화분을 꺼내었을 때, 흙이 우두두 떨어지면서 위쪽 부위에만 뿌리가 몇 가닥 있다면 물을 너무 자주 주어서 뿌리의 생육이 적어진 경우이다. 한 번의 분갈이로 나의 물주기 패턴을 한번 바꾸어 보자!!!

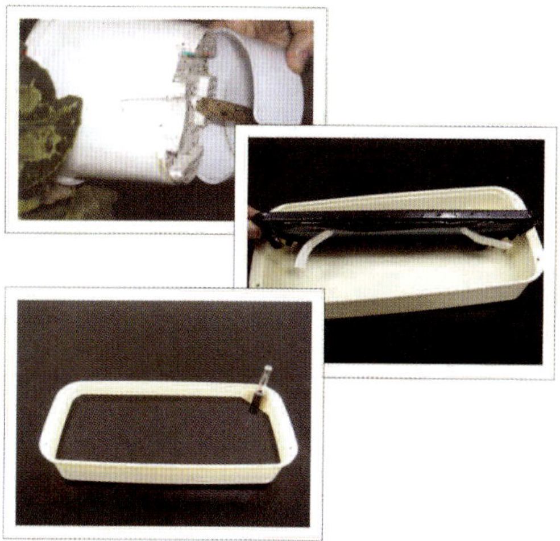

모세현상을 이용한 심지관수 분

자동관수 시스템(일본 히타치 제품)

그림 5-6 자동관수 시스템, 심지재배, 저면관수용 화분

2... 식물은 좋아하는 광도가 다르다

대부분의 식물은 빛을 좋아한다. 식물의 입장에서 광합성이란 인간이 먹는 밥을 의미하므로 광합성을 적게 한다는 것은 그만큼 밥을 적게 먹기 때문에 영양분이 부족한 것을 의미한다. 반대로 빛이 풍족해서 광합성을 많이 한 경우에는 탄수화물이 많이 생성되기 때문에 개화, 결실 등 영양분을 많이 필요로 하는 단계까지 무리 없이 가능하다는 것을 의미한다. 그러나 식물에 따라서 빛을 꼭 많이 받아야 잘 자라는 종류부터 음지에서도 잘 자라는 식물까지 다양하다. 그러면 빛을 좋아하는 식물과 그렇지 않은 식물을 나누어 보고, 내가 식물을 키우고자 구입했다면 어디에 두어야 잘 키울 수 있을지 가늠해 보자.

1) 정원식물

(1) 양지를 좋아하는 식물

① 화목류 : 침엽수 종류는 꽃이 화려하지는 않지만 빛을 많이 요구하는 종류이다. 소나무, 향나무가 대표적이다. 꽃이 피는 화목류 중에서는 벚나무, 철쭉 등이 빛이 많이 드는 양지에 심어야 향기가 진하고 예쁜 꽃을 볼 수 있다.

② 초화류 : 채송화, 백일홍, 코스모스, 루드베키아 등은 햇빛이 잘 드는 곳에 두어야 향기도 많고 꽃도 많이 피게 된다.

(2) 반음지를 좋아하는 식물

① 화목류 : 진달래, 백량금, 자금우, 산호수가 대표적이며, 진달래를 제외한 자금우과 식물들은 실내에서 키워도 잘 자란다.

② 초화류 : 맥문동, 옥잠화, 비비추는 정원용으로 음지 또는 반음지에 식재하는 식물이다.

2) 실내식물

(1) 베란다에서 키워야 할 식물들

선인장, 에크메아, 아나나스, 유도화, 유포르비아, 크로톤, 동백, 드라세나, 피닉스 등이 있으며, 난 종류로는 카틀레야, 반다, 덴드로비움(노빌계)과 야생란 등이 있다.

(2) 형광등 아래서도 잘 자라는 식물들

실내 안쪽의 형광등이나 백열등이 비치는 곳에서도 잘 자란다. 아펠란드라, 아레카야자, 청목, 디펜바키아와 잎이 얇은 초화류의 일부와 고사리과 식물, 호접란, 파피오페딜룸 등이 이에 속한다.

빛을 좋아하는 식물일까 아닐까??

내가 오늘 사온 식물이 빛을 좋아하는 식물인지 아닌지는 식물의 형태를 보면 어느 정도 구분이 가능하다. 아래 표를 참조해서 식물을 어디에 배치할 것인지 생각해 보자.

표 5-2 빛의 세기에 따른 식물의 형태

	양지식물	음지식물
잎	- 잎의 면적이 작다. - 두께가 두껍고 단단하다. - 잎의 색이 연해진다.	- 잎의 면적이 크다. - 두께가 얇고 하늘하늘하다. - 잎의 초록색이 진해진다.
줄기	- 마디 간격이 짧다.	- 마디 간격이 길다.
꽃	- 꽃의 색과 모양이 화려하다. - 꽃의 수와 향기가 풍부하다.	- 꽃의 색과 모양이 소박하다. - 꽃의 수와 향기가 적다.

3 온도에 따른 식물의 관리

1) 정원식물

정원식물은 온대성 식물을 주로 식재하는 것이 편리하다. 그렇지 않으면 계절별로 이식을 한다거나 실내로 옮겨야 하는 불편함이 따르기 때문이다.

온대성 식물의 대부분은 저온에서 겨울을 지내야만 그 다음에 생육 및 개화가 정상적으로 일어나게 된다. 이와 같이 일정기간 생육을 멈추면서 저온에 노출된 상태로 지내는 것을 휴면이라고 하며, 온대성 식물의 경우에는 꼭 필요한 절차이다. 온대성 식물은 겨울에 어느 정도의 저온에 노출되어야만 그 다음해에 생육이 개시되며 꽃이 피게 된다. 동백나무, 아잘레아, 수국, 선인장의 일부, 감귤나무 등이 이에 속한다.

꽃이 피는 화분식물(예: 군자란)은 늦가을에 얼지 않을 정도까지 밖에서 관리하다가 서리가 내리기 직전에 실내에 들여놓으면 꽃이 잘 피게 되는 것과 같은 이치이다.

2) 실내식물

중온(10~17℃)에서 자라는 식물은 온대 지방의 남부와 아열대 지방 원산의 식물로 비로야자, 카나리야자, 대추야자, 시네라리아, 심비디움, 풍란, 석곡 등이 있다.

중·고온(17~24℃)에서 자라는 식물은 난 종류인 카틀레야, 파피오페딜룸, 반다, 온시디움, 덴드로비움과 기타 일반적인 분화식물이 있다.

고온(24~28℃)에서 자라는 식물은 주로 열대 및 아열대 지방 원산의 식물로 호접란, 밀토니아, 마란타 등이 있다.

그러나 가정에서 재배하는 식물 중 엽란, 드라세나, 인도고무나무, 켄차야자, 유카 등과 꽃이 피는 다년생 화분용 화초는 5℃에서부터 25℃ 정도까지 넓은 범위의 실내온도에서도 잘 적응하는 식물이다.

4. 토양의 선택

토양은 식물에 필요한 양분과 물의 공급처일 뿐만 아니라 식물을 지지해 주는 기능을 한다. 또한 토양은 지하부의 뿌리 생육을 결정하는 주요인이기 때문에 식물에 따라서 알맞은 토양을 선택해 줄 필요가 있다.

토양의 일반적으로 기체가 25%, 물이 25%, 고체 상태인 토양이 50%일 때 식물 생육에 가장 좋다. 식물의 종류에 따라서 이 비율은 달라지며, 수생식물과 습생식물은 고체 상태와 기체 상태가 적어지는 대신 물의 비중이 많게 되고, 건생식물은 물이 차지하는 비율보다 기체 상태가 많게 된다. 식물의 종류에 따라 뿌리가 수분을 좋아하는지 또는 산소를 더 좋아하는지 그 특성이 다르기 때문에 식물의 특성을 잘 고려하여 식물의 토양을 선택하는 것이 좋다.

1) 토양의 종류

(1) 일반 토양

① 점토 : 지름이 0.004mm 이하인 미세한 흙입자를 말하며, 점토의 함량이 높은 토양을 식토라 한다.

② 양토 : 양토는 적당량의 모래와 점토를 함유하여 토성이 좋고, 경작도 잘 되며, 모든 작물에 적합하다.

③ 모래 : 잘게 부스러진 돌과 광물 입자를 이루는 알갱이이다.

(2) 특수 토양

① 질석(버미큘라이트), 펄라이트, 피트모스, 하이드로볼, 수태, 바크 등이 있다. 특수 토양은 대부분 가볍고, 고온으로 가공되어 무균의 장점이 있기 때문에 특수 토양을 잘 혼합하여 사용하면 최적의 토양 상태를 만들 수 있다.

버미큘라이트나 피트모스의 경우에는 물이나 비료를 보유하는 능력이 크며, 펄라이

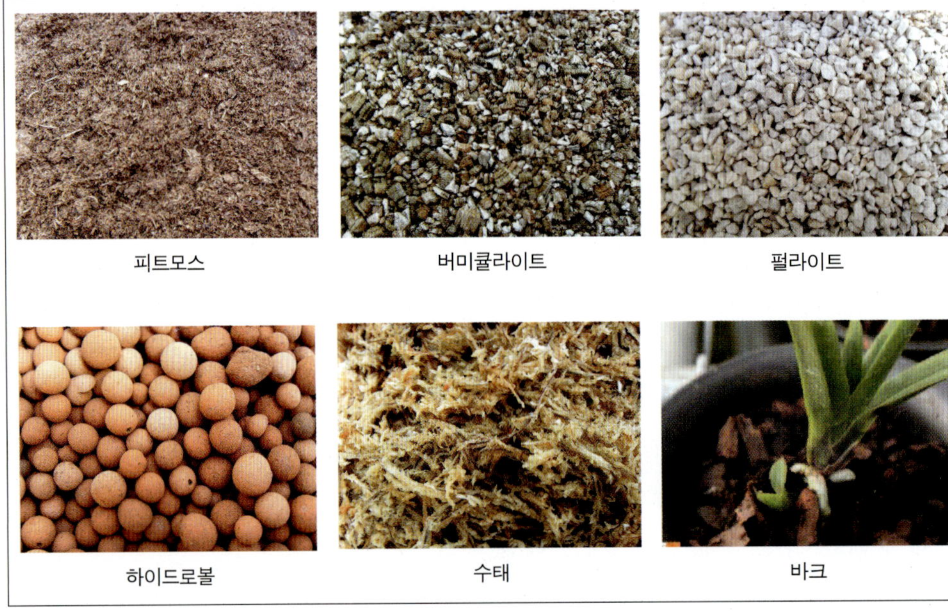

그림 5-7 다양한 특수 토양의 종류

트, 하이드로볼, 바크 등은 물이 잘 빠져 통기성이 좋다. 식물의 종류에 따라서 물을 잘 보유하는 피트모스 또는 버미큘라이트와 통기성이 좋은 펄라이트 등을 같이 섞어서 심으면 식물의 뿌리가 잘 생육할 수 있는 공간을 제공할 수 있다.

2) 토양의 특성

(1) 물의 양(보수성)

토양이 보유하고 있는 물의 양은 토양이 물을 잡는 힘이라고 할 수 있으며, 식물의 생육에 많은 영향을 미친다.

피트모스, 버미큘라이트 등이 수분 함유량이 가장 크고 펄라이트, 바크 등이 수분 함유량이 적다.

(2) 통기성

통기성은 뿌리 호흡과 뿌리의 양, 수분 흡수에 관여하는 매우 중요한 요인이다. 물을 너무 많이 주어서 뿌리가 썩는 이유가 통기성이 부족하기 때문이고 궁극적인 원인은 산소 부족이라고 할 수 있다.

통기성을 좋게 하는 대표적인 토양은 펄라이트·바크·모래 등으로, 이러한 토양은 수분을 별로 좋아하지 않는 선인장과 다육식물의 재배에 적합하다.

3) 무토양 재배(양액재배, 수경재배) 또는 물가꾸기

토양 없이 식물을 재배하는 경우를 말하며, 식물을 지지할 목적으로 토양이 아닌 다른 물질을 사용하게 된다. 이 경우에 사용되는 지지물질은 보비력이 없는 것을 사용하는 것이 일반적이다.

가정에서는 일반적으로 수생식물, 습생식물을 이용하여 물가꾸기(수경재배)하는 경우가 있으며, 냉장고의 채소 칸에 있는 양파·감자·고구마 등을 물속에 담가두는 것 역시 물가꾸기의 일부라고 할 수 있다.

물가꾸기는 배수공이 없기 때문에 식물을 어디에나 놓을 수 있다는 장점이 있으며, 수분관리가 쉽기 때문에 인테리어용으로 많이 사용될 수 있다.

4) 식물의 종류에 따른 토양 선택

(1) 물을 아주 좋아하는 습생식물들

천남성과 식물들이 여기에 포함된다. 버미큘라이트 또는 피트모스만으로도 훌륭하게 잘 키울 수 있다.

(2) 물과 산소를 중간으로 좋아하는 중생식물들

대부분의 원예식물이 포함된다. 버미큘라이트 또는 피트모스를 펄라이트와 7:3으로 섞어서 사용한다.

(3) 뿌리 근처에 산소를 좋아하는 건생식물들

선인장과 다육식물, 난과 식물이 포함된다. 하이드로볼이나 모래, 펄라이트, 난석을 이용하여 재배한다.

6장

식물로 실내를 데코레이션해 보자

-싱그러운 푸르름을 실내로…

1 실내식물이란?

아름답고 다양한 잎 모양과 꽃, 열매 등을 관상할 수 있는 식물을 관엽식물(觀葉植物)이라고 하고, 관엽식물의 대부분은 원산지가 열대, 아열대지방이며, 햇빛이 부족하고 건조한 실내환경에 잘 적응되어 왔기 때문에 실내식물(indoor plant)이라고 부르기도 한다. 실내식물들은 음지에 강하고, 추위에 약하기 때문에 그린인테리어와 생활소품 장식으로 각광을 받고 있다.

실내식물은 반그늘을 좋아하지만 최소 형광등 2개 이상 정도의 밝기는 되어야 한다. 몇몇 실내식물은 직사광선이 많이 들어오는 베란다나 야외에 두면 잎이 누렇게 타들어가며 피해를 입는 경우도 있다. 반면에 강한 광선을 좋아하는 관엽식물들도 있다. 환경관리는 고온다습한 13~32℃ 정도 범위에서 생육할 수 있으며, 18~27℃에서 가장 잘 자란다. 실내에서는 겨울에 난방기 주변의 건조함과 밤에 급격히 떨어지는 추위에 조심해야 하며, 건조에 약한 관엽식물은 자주 분무기로 물을 뿜어 주는 것이 좋다.

데코레이션하기 전에 알아두면 좋은 실내식물의 특성

* 햇빛이 잘 드는 자리에 놓는(강한 빛을 좋아하는) 관엽식물
: 코르딜리네(홍죽), 크로톤, 트라데스칸디아, 칼라디움
* 그늘진 자리에 놓는(약한 빛을 좋아하는) 관엽식물
: 보스톤고사리, 아스플레니움, 아디안텀, 아글레오네마, 스파티필름, 페페로미아
* 추운 곳을 잘 견디는 관엽식물(최저 5℃)
: 관음죽, 켄차야자, 드라세나, 쉐플레라, 아이비
* 추위에 약한 관엽식물(최저 10℃)
: 디펜바키아, 스킨답서스, 칼라데아, 크로톤, 파키라, 페페로미아
* 건조에 잘 견디는 관엽식물
: 드라세나, 러브체인, 벤자민고무나무, 산세베리아, 호야
* 건조에 약한 관엽식물
: 보스톤고사리, 싱고니움, 스킨답서스, 아디안텀, 왕모람, 접란, 트리안

페페로미아

호야

쉐플레라

쉐플레라 무늬종

드라세나 Florida Beauty

드라세나 Virens Compacta

드라세나 맛상게아나

드라세나 산데리아나

드라세나 Song of India

콜레우스

필레아

코르딜리네(홍죽)

접란

트라데스칸디아

천남성과

칼라디움

알로카시아

필로덴드론

몬스테라

아글레오네마

싱고니움

안스리움

스파티필름

칼라데아

디펜바키아

스킨답서스

고무나무류

인도고무나무

벤자민고무나무

떡갈잎고무나무

왕모람(푸밀라)

고사리류

네프롤레피스 보스톤고사리

박쥐란

아스플레니움

아디안텀

야자류

아레카야자

테이블야자

종려죽

관음죽

2... 비좁은 공간은 벽걸이 화분으로 해결 -행잉가든(공중걸이)

공중걸이 화분에 덩굴성 식물이나 잎이 아름답고 꽃이 화려한 식물을 심어 매달아 관상하는 방법이다.

공중걸이나 벽걸이는 보통 눈높이 정도에 매달게 되므로 위로 자라는 식물보다는 옆으로 퍼지거나 늘어지는 식물이 적당하며, 잎이 무성한 식물에는 아스파라거스, 칼라데아, 아이비, 피토니아, 호야, 페페로미아, 필로덴드론, 필레아, 페튜니아, 박쥐란, 스킨답서스, 싱고니움, 제라늄, 달개비류 등이 많이 이용되고 있다.

복도, 통로 부분이나 베란다에는 공간이 부족하기 때문에 벽면을 활용하면 화분을 장식할 수 있다(그림 6-1).

물받침이 있는 공중걸이 전용 플라스틱 화분이나 철사바구니 등을 이용하면 생동감 있게 표현할 수 있다.

그림 6-1

공중걸이를 이용한 벽장식

3 어디에든 배치 가능하며, 깨끗하게 키울 수 있다
– 물가꾸기(수경재배)

– 투명하게 비치는 청량감이 일품

흙을 사용하지 않고 유리용기에 물을 담아 가꾸기 때문에 어디에서나 간편하게 그리고 청결하게 재배할 수 있는 장점이 있다.

적당한 식물은 히아신스, 크로커스, 수선화, 아이리스, 튤립 같은 구근류와 아이비, 필레아, 필로덴드론, 페페로미아, 싱고니움, 스킨답서스, 디펜바키아, 접란, 잎베고니아와 같은 관엽식물, 그리고 고구마, 감자, 당근, 양파, 토란, 무, 콩나물, 토마토 등의 채소류가 있다. 깨끗한 물을 보충해 주면서 기르기 때문에 실내를 오염시킬 염려도 없으며, 식물의 뿌리에서 잎·꽃·열매까지 감상할 수 있는 장점이 있다.

뿌리가 물에 잘 견디는 식물을 이용하며, 구슬·조약돌·유리컵 등의 소품을 활용하여 실내를 세련되고 청량감 있게 장식할 수 있다.

그림 6-2

물가꾸기에 사용되는 유리용기

4. 실내장식 효과 만점인 디시가든과 테라리움

1) 디시가든(Dish garden)

배수공(물빠짐 구멍)이 없는 접시(높이가 낮은 용기)에 작은 정원을 만들어 감상하는 것으로 분경(盆景)이라고도 하며, 분경은 천연의 돌이나 흙·모래·수목·이끼류를 사용하여 자연의 풍경을 축소하여 실내외에서 즐겼던 것으로, 우리나라는 삼국시대에 중국에서 들어온 것으로 추측된다. 용기는 도자기 문화가 발달하면서 궁중과 상류사회에서 접시정원을 만들어 즐겼으며, 요즘에는 유리·항아리뚜껑·화분받침 등 다양한 재료가 이용되고 있다.

그림 6-3 항아리 뚜껑을 이용한 디시가든

2) 테라리움(Terrarium)

투명한 유리용기 안에 식물을 심어 가꾸는 것을 말한다. 자연 속에서 자라고 있는 식물의 생리작용과 대기의 자연 순환 원리를 이용한 것이다. 즉 뿌리에서 빨아올린 물이 식물 잎 뒷면의 기공을 통해 배출되면 용기 안에 습기나 벽에 물방울로 맺혀 있다가 떨어져 다시 뿌리로 흡수된다. 낮에는 탄소동화작용으로 이산화탄소를

그림 6-4 테라리움 전시회

흡수하고 산소를 배출하고, 밤에는 호흡작용으로 산소를 흡수하고 이산화탄소를 배출하는 순환으로 환경이 유지된다.

테라리움에는 습기가 많은 밀폐된 공간 또는 건조한 실내환경에서 잘 자랄 수 있는 관엽식물 종류와 선인장 종류가 적당하다. 또한, 아름답게 장식 후 너무 쉽게 자라 모양이 흐트러지거나 용기 밖으로 식물이 크게 되면 관상가치가 떨어지므로 생육이 느린 것이 좋으며, 비료는 주지 않는 것이 바람직하다.

그림 6-5 밀폐형 테라리움(왼쪽)과 개방형 테라리움(오른쪽)

테라리움은 뚜껑이 있는 밀폐식과 일부분이 열려 있는 개방식이 있다(그림6-5). 개방식 테라리움은 쉽게 건조해지므로 물을 자주 분무해 주어야 한다. 밀폐식은 습기에 잘 견디는 식물과 높은 습도와 낮은 광도에서도 생존이 가능한 식물이 적합하며, 개방식은 건조에 잘 견디는 식물인 선인장이나 꽃이 피는 식물이 적당하다.

디시가든과 테라리움에 적당한 식물에는 아디안텀, 보스톤고사리와 필레아, 드라세나류, 선인장류, 다육식물류, 필로덴드론, 칼라데아, 싱고니움, 스킨답서스, 스파티필름, 안스리움, 애란, 칼라디움, 아스파라거스, 피토니아, 페페로미아 등이 있다.

5 쓸모 있고, 눈길을 확 잡아끄는 공간별 식물배치 노하우

1) 거 실

가족들이 많이 모이는 공간이기 때문에 생활의 동선을 고려하여 작은 화단을 꾸며본다. 창문을 자주 열게 되므로 미세먼지, 휘발성 유기화합물 등을 잘 제거하는 식물을 선택한다. 스파티필름, 아레카야자, 벤자민고무나무, 싱고니움, 파키라 등이 적합하다.

그림 6-6 콘솔을 이용한 거실 장식

2) 주 방

식욕을 돋게 하며, 간단히 요리로 이용할 수 있는 허브식물이나 요리기구 사용시 발생하는 공기오염 물질을 제거할 수 있는 식물을 배치한다. 일산화탄소를 잘 제거하는 스킨답서스와 카네이션, 장미 등을 물컵에 싱그럽게 꽂아두면 좋다. 주방 창가에는 타임, 세이지, 박하, 로즈마리 등을 올려두면 바람이 불 때마다 향기가 들어와 식욕을 돋워 주며 음식 냄새도 줄여줄 수 있다.

그림 6-7 싱크대를 이용한 그린인테리어

3) 침 실

휴식에 도움이 되는 식물들을 배치하고, 분위기는 온화하고 안정감 있으며, 단정하게 가꾼다. 밤에 이산화탄소를 흡수하는 선인장을 배치하는 것도 좋다. 비모란, 크라슐라, 변경주, 산세베리아와 꽃기린을 이용하여 모둠심기를 하는 것도 잘 어울린다.

그림 6-8 침실에 배치한 선인장

4) 욕 실

습기를 좋아하는 식물과 어두운 곳에 잘 견디는 식물을 선택하고, 곰팡이·세균 등이 증식할 우려가 있기 때문에 청결한 식물관리에 중점을 두어야 한다. 습기를 좋아하고 잎이 많은 보스톤고사리, 아디안텀, 박쥐란 등이 적합하다. 암모니아를 잘 제거하는 관음죽과 안스리움도 좋다.

그림 6-9 욕실 선반을 이용한 화분배치와 공간활용

5) 현 관

추위와 더위도 잘 견디며 실내외의 급격한 환경변화에 적응력이 뛰어난 식물들과 잎이 잘 떨어지지 않아 청소와 관리가 편리한 식물로 배치하는 것이 좋다. 드라세나, 고무나무, 산호수, 호야, 쉐플레라, 디펜바키아 등이 적합하다.

그림 6-10

집의 첫인상을 싱그럽게 해주는 현관의 식물

6) 공부방

편안함을 주고 집중력을 높여 학습에 도움이 되는 허브식물들과, 컴퓨터 주변에는 먼지제거와 전자파 차단에 도움이 되는 식물을 배치한다. 크기가 큰 식물보다 아기자기한 로즈마리, 세이지, 테이블야자, 아이비, 싱고니움, 푸밀라, 아글레오네마, 필로덴드론 등이 어울린다.

그림 6-11

책상 주변에 식물을 두고 빛을 보충해 준다.

6 아이디어 화분을 이용한 실내꾸미기

식물이 저마다의 표정과 향기가 있듯, 용기도 그 식물에 꼭 어울리는 것이 있다.

토기분은 베란다에서 기르는 초화류 식물 대부분이 어울리며, 플라스틱 화분은 내구성이 좋고 가벼워서 관엽식물류가 적합하다.

도자기분은 초화류뿐만 아니라 난류와 분재에도 잘 어울린다.

그림 6-12

토기분과 도자기분에 모듬 심기한 초화류와 관엽식물

철재 공중걸이용 화분에는 늘어지는 식물을 벽에 걸어두면 좋고, 그 외 종이화분, 바구니화분, 재활용품을 이용한 화분 등 다양하게 이용하여 실내를 꾸밀 수 있다.

그림 6-13

포대를 이용한 재활용 화분

그림 6-14 다양한 화분의 종류

집에서 돈 안 들이고 간단한 화분을 만들려면 오래된 그릇이나 뚜껑 없는 냄비, 깨진 유리볼 등을 활용하여 아이디어 화분을 만들거나 페트병에 접착시트를 붙이고, 칼로 윗부분을 오려낸 다음 재활용하는 방법도 있다.

손잡이가 있는 주머니를 이용한 화분

그림 6-15 아이디어 화분들

캐릭터화분

페트병을 재활용한 꽃병

7장

계절별로 우리 집 정원을 관리해 보자

우리가 계절별로 자연에 가지는 기대감은 실제로 대단하다. 봄이 되면 새파란 싹이 돋아나기를 바라고 싹이 나기 시작하면 이제는 목련, 진달래, 벚꽃이 피기를 기다린다. 한여름에는 싱그러운 녹색이 한낮의 더위를 식혀 주며, 가을에는 울긋불긋 단풍 및 은행의 아름다운 색의 향연에 매료되곤 한다.

이와 같이 다양한 계절별 식물의 아름다움을 맛보기 위해서는 계절별 정원관리 및 실내식물의 관리가 필수적이다. 이번 장에서는 계절별 우리가 볼 수 있는 꽃들이 어떤 것들이 있으며 이 아름다움을 만끽하기 위해서 해야 할 일들에 대해서 알아보자.

1 계절별 꽃피는 식물

나무는 싱그러움을 주며, 꽃은 화사함을 주게 되므로 정원을 만들 때는 이 두 가지 요소가 잘 조화될 수 있도록 심는 것이 중요하다. 우선 나무를 심고 나서 그 다음 초화류 꽃밭을 만들어 주면 좋다. 이러한 꽃밭은 1, 2년 초화류나 숙근초가 주를 이루며 우리나라의 정서를 깊이 느낄 수 있는 야생화도 있는 듯 없는 듯 은은한 멋을 자아낼 수 있다.

계절별로 다양한 꽃과 나무류가 개화하는 시기가 설명되어 있으므로 봄, 여름, 가을, 겨울 각 계절의 정원을 머릿속에 그려 보면서 정원에 심을 위치와 시기를 생각해 보자.

1) 초화류

1, 2년생 초화류의 경우에는 대부분 외국에서 들어온 품종이 많기 때문에 그 모양이 화려하고 아름답다. 종자로 번식하는 식물의 종류 및 파종시기는 3장에서 다루었다. 가을에 심는 구근류인 무스카리, 튤립, 수선화는 전해에 심어서 겨울을 나면 봄에 화려한 자태를 나타낸다. 봄에 심는 구근으로는 글라디올러스, 다알리아, 아마릴리스, 칸나, 칼라 등이 있으며 여름과 가을 사이에 개화한다.

▼ 봄을 대표하는 꽃

팬지

수선화

▼ 여름을 대표하는 꽃

천일홍

일일초

▼ 가을을 대표하는 꽃

코스모스

해바라기

그림 7-1 계절을 나타내는 꽃들

계절별 피는 꽃들

① 봄 : 수선화, 튤립, 아네모네, 팬지, 금잔화, 데이지, 물망초, 메리골드, 아게라텀, 페튜니아, 히아신스, 꽃잔디, 무스카리, 프리뮬라, 양귀비, 시네라리아

② 여름 : 백일홍, 일일초, 나리, 붓꽃, 수국, 천일홍, 나팔꽃, 접시꽃, 원추리

③ 가을 : 코스모스, 국화, 과꽃, 해바라기, 구절초, 상사화, 용담

2) 나무류

① 봄에 꽃이 피는 정원수 : 산수유, 매화나무, 풍년화, 벚나무, 희어리나무, 목련, 진달래, 개나리, 철쭉, 연산홍, 라일락

그림 7-2 계절을 대표하는 화목류

② 여름에 꽃이 피는 정원수 : 산딸기나무, 나무수국, 무궁화

③ 가을을 대표하는 정원수 : 단풍나무, 화살나무, 작살나무, 느티나무, 은행나무, 모과나무, 감나무

④ 겨울에도 잎이 푸른 상록수 : 구상나무, 소나무, 주목, 향나무, 사철나무

⑤ 계절별로 열매를 볼 수 있는 나무류 : 감나무, 대추나무, 밤나무, 앵두나무, 꽃사과

3) 지피식물

키가 작은 식물로서 지표면인 아랫부분의 푸르름을 주는 식물을 말한다. 지피식물은 부드러운 느낌과 동시에 잡초의 생성을 막아주는 역할을 하기 때문에 정원에 식물을 심은 나머지 부분에 많이 심는다.

① 잔디 : 잔디는 지표면을 피복하는 지피식물로 자생력이 강한 특성을 지닌 다년생 초본식물이다.

② 맥문동 : 잘 알려진 지피식물로서 겨울에도 푸르름을 지니는 상록성 다년초이며 꽃도 보라색으로 예쁘게 핀다. 맥문동은 음지에서도 잘 자라며 어떠한 환경에서도 잘 자라는 편이다.

맥문동

무늬바위취

그림 7-3
지피식물(맥문동과 무늬바위취)

③ 꽃잔디 : 햇빛을 좋아하는 특성을 가지며, 군락으로 꽃이 피었을 때는 매우 아름답다. 연중 상록성이며 추위에 강하고 생장속도가 빠르며 봄부터 꽃피는 기간도 길다.

④ 무늬바위취 : 여러해살이 상록 또는 반상록성 식물로 줄기가 옆으로 기며, 음지에서 잘 자라며 돌 틈이나 화단 테두리 식재에 좋다.

⑤ 애란(왜란) : 상록다년생의 백합과 식물로 화단, 정원 등의 그늘에 심는다. 잔디와 같은 효과를 주기에는 최적의 식물이다.

⑥ 수호초 : 상록활엽관목으로 높이 20~30cm 정도 자라며 모아심기식물로 적합하다.

⑦ 기타 지피식물로서 옥잠화, 비비추, 취나물 등 다양하다.

2. 실외 정원의 계절별 관리 포인트

1) 봄

① 겨울을 지낸 실내 관엽식물, 초화류, 난, 선인장 등의 묵은 잎을 따내고 분갈이를 겸해 포기를 나누어 주고, 거름을 보충해 준다.

② 실내식물의 경우 낮에 따뜻한 시기에는 실외로 가끔 내놓아서 통풍도 자주 시키고 물주기도 늘린다.

③ 춘식구근을 심어 준다. 다알리아, 칸나, 글라디올러스 등의 알뿌리를 심는다.

④ 본격적으로 화단에 꽃씨를 뿌릴 때이다. 채송화, 맨드라미, 해바라기, 샐비어, 나팔꽃, 색비름, 미나리, 완두, 옥수수 등 여러 가지 씨앗을 화단이나 화분에 뿌린다.

⑤ 토마토, 오이, 가지 등 파종상자나 화분에 미리 뿌려서 가꾸던 모종을 화단에 정식한다.

⑥ 꽃이 진 숙근초는 포기를 나누어 다시 심어 둔다.

⑦ 진딧물, 깍지벌레가 생기고 병도 날 수 있으니 살충제와 살균제를 뿌려 준다.

⑧ 가을에 심은 수선, 히아신스, 튤립 등은 꽃이 진 후에 씨가 맺히지 않게 꽃대를 잘라 주고 잎을 잘 가꾸어 알뿌리가 충실하게 되도록 살찌운다.

⑨ 날씨가 따뜻해지는 4월 초에 친환경 비료인 발효성 비료를 처리해 주면 1년 내 비료걱정 없이 지낼 수 있다.

2) 여 름

① 장마철을 앞두고 화단의 배수로를 만들고 지주를 세워 화초가 넘어지지 않게 미리 손질을 해둔다.

② 삽목을 해서 개체수를 늘려 준다.

③ 가을에 심은 알뿌리 중에서 잎이 다 시들어 가는 알뿌리를 장마 전에 캐내서 잎과 줄기를 다듬어 내고 그늘에서 잘 말려서 종이봉지에 넣어 시원한 그늘에 매달아 둔다.

④ 병해충은 미리 예방하는 것이 중요하고, 농약은 몇 가지를 준비하여 교대로 뿌려 주는 것이 효과가 크다.

⑤ 가을에 심어 봄에 꽃이 피었던 초화의 씨를 받아 말려서 보관한다.

⑥ 화분에는 물론 화단이나 정원수, 채소밭의 관리에도 자주 물을 주어야 하는 시기이지만 되도록 한낮의 물주기는 삼가고 아침과 저녁나절에 주도록 한다.

⑦ 금어초, 스토크, 팬지 등의 씨앗을 파종상자에 뿌려 시원한 그늘에서 관리한다.

3) 가 을

① 금잔화, 페튜니아, 플록스 등의 추파 씨앗을 뿌린다.

② 튤립, 히아신스, 백합, 크로커스 등 봄에 일찍 꽃을 피우는 월동화초를 화분에 심어 둔다.

③ 샐비어, 과꽃 등 1, 2년생 초화의 꽃이 지고 씨가 여물면, 채종을 하고 뒷그루는 뽑아내서 깨끗이 정리한다. 종자는 받아서 그늘에 2주가량 말린 후 보관해 둔다.

④ 칸나, 글라디올러스, 다알리아 등을 서리가 내리기 직전에 캐내서 말려 어두운 곳에 저장한다.

⑤ 월동 화초는 짚을 덮어 주고 큰 꽃나무나 정원수 중 추위에 약한 것은 짚이나 거적으로 감싸주고 비닐로 바람막이를 해준다. 추위에 약한 모과나무, 배롱나무 등을 짚이나 보호물로 감싸준다. 기둥 줄기를 30cm 정도 짚으로 둘러 유충을 유인한 후 1월에 태운다.

⑥ 관엽식물과 난, 선인장, 초화류 등은 실내로 들여놓아 추위를 막아 주고, 습도유지에 신경을 쓴다.

4) 겨 울

① 과수, 정원수의 마른 가지나 말라붙은 잎을 제거해 준다.

② 다음해 봄에 가꿀 화초를 선택하고 재배계획을 세워 둔다.

③ 11월에는 매화, 배 등 낙엽과수의 묘목을 심는 계절이다.

④ 2월에는 식물의 동해를 막기 위해서 덮어 주었던 보호재를 제거한다. 보호재 안에서 겨울 동안에 숨어 있던 해충의 알이나 번데기를 제거한다.

⑤ 절기상 대한이 지나면 과수에 따라 솎음 전정과 웃자란 것을 가지치기한다.

그림 7-4 정원관리에 필요한 작업들

3 실내식물의 계절별 관리

1) 봄

이제 식물들이 겨울잠에서 눈을 뜰 때이다. 겨울 동안에 긴 잠을 자던 식물들이 자기 세상을 만난 것같이 무럭무럭 커간다. 겨울을 힘들게 지낸 짙은 녹색의 잎들이 새롭고 투명한 연두색 잎을 하나둘씩 내기 시작한다. 봄이 되면서 몸집이 커지기 시작하므로 봄이 되어 가장 먼저 해야 할 일은 새로운 보금자리를 만들어주는 것이다.

(1) 분갈이로 시작해 보자

정원에 심겨져 있는 식물은 정원에 있는 모든 토양이 자기 집이고 어디든 뿌리를 뻗어 가면 되기 때문에 수분관리 및 분갈이의 필요성이 없다. 그러나 실내의 화분식물은 분이 작아지게 되면 식물의 생장 및 수분관리가 어렵기 때문에 분갈이를 꼭 해주어야 한다. 화분 안에 뿌리가 가득 차게 되면 뿌리의 호흡, 무기물의 흡수, 생육 등이 불량해진다. 지하부의 생육이 부진하면 지상부에도 영향을 받는다.

분갈이는 언제 해주는 것이 좋을까?

① 분갈이는 뿌리에 스트레스를 주므로 식물이 왕성하게 생장하는 동안 또는 그 전에 실시한다. 주로 봄에 하는 경우가 많다.

② 꽃이 피는 시기에는 분갈이를 하지 않는다.

③ 식물체 크기가 분 크기에 비해 커 보일 때 분갈이를 한다.

④ 옆에서 다른 가지나 새 촉이 나와서 분이 꽉 차 보일 때 실시한다.

⑤ 배수공을 통해서 뿌리가 뻗어 나온 경우는 분 안에 뿌리가 가득 찼다는 의미이다.

⑥ 분 위쪽의 토양으로 뿌리가 나온 경우에도 분갈이를 실시한다.

배수공을 통해 뿌리가 나온 경우

화분에 뿌리가 가득 찬 경우

그림 7-5
분갈이가 필요한 화분

분갈이는 어떻게 해주어야지요?

준비사항 : 분갈이를 하기 위해서는 본래의 분보다 3~5cm 정도 큰 분을 준비한다. 배수공이 클 경우에는 흙이 빠져나가는 것을 방지하기 위해서 화분깔개(양파망, 큰자갈)들을 준비한다.

① 화분 가장자리를 돌려가며 두드려서 흙과 분 사이를 벌려 준다.

② 화분에서 흙을 빼고, 오래된 묵은 뿌리는 잘라서 정리해 준다. 오래되고 썩은 뿌리는 진갈색을, 새로운 뿌리는 맑은 색을 띤다.

③ 새로운 화분에 준비해 둔 화분깔개를 깔고 1/3 정도는 흙을 넣어 준다.

④ 위의 ②번에서 뿌리를 정리한 식물을 가운데 놓고 흙을 보태 준다.

⑤ 흙을 덮는 위치는 분 높이의 70~80%가 적당하다.

⑥ 흙을 누르지 말고, 분을 탁탁 털어주는 정도가 좋다.

⑦ 분갈이 후에는 꼭 물을 흠뻑 준다.

분갈이 후의 관리

① 분갈이할 때 뿌리를 정리하면서 상처가 생긴 상태이므로, 뿌리가 토양에 활착하기 전까지 직사광선이 비추지 않는 곳에 식물을 배치한다.

② 활착이란 뿌리털을 토양에 접촉시키는 과정이므로, 활착 전까지 광도·관수는 줄인다. 이 시기의 비료는 오히려 약해를 줄 수 있으므로 비료는 주지 않는 것이 좋다.

(2) 새로운 식구를 한번 만들어 볼까?

새로운 식구를 만들어 보고 싶다면 제3장으로 되돌아가 보자. 우리 집 근처에 큰 화훼시장이 어디에 있는지 알 수 있고, 시장에 가면 계절별 아름다고 싱그러운 냄새도 맡을 수 있고, 또한 삶의 활력소도 된다.

씨앗을 샀다면 제12장으로 가보자. 씨뿌리기와 관리 방법이 상세히 설명되어 있다.

우리 집에 있는 식물 중에서 번식시켜서 선물해 주고 싶은 식물이 있다면 제12장의 영양번식 방법을 참고하면 된다.

(3) 베란다로 식물 내놓기

겨울에 집 안에서 몸을 움츠리고 있던 식물들이 바깥세상을 볼 수 있게 해주어야 한다. 대부분의 식물들이 일광욕을 좋아한다. 그러나 봄날의 기분에 취해서 너무 일찍 화분을 밖으로 내놓았다가 낭패를 보는 경우가 많다. 특히 이른 봄 밤 기온이 10℃도 이하로 떨어질 때는 아직 시기상조이기 때문에 열대성 식물은 냉해를 입을 수도 있으므로 조심한다. 꼭 봄에는 따뜻한 날이 되는 것을 시기하는 꽃샘추위가 있기 마련이다. 식물에 따라서 틀리지만, 너무 일찍 내놓았다가 식물이 냉해를 입어서 잎이 우수수 떨어지는 경우도 있으므로 추위에 약한 식물은 좀 기다렸다가 날씨가 따뜻해지면 내놓는 것이 좋다. 식물에 따라서 추위를 견디는 내한성이 다르기 때문에 [표 7-1]에 나오는 식물들을 참고하여 일찍 내놓을 것과 늦게 베란다로 내놓을 것을 구분한다.

표 7-1 내한성에 따른 관엽식물의 분류

온도	0℃ 이상	5℃ 이상	10℃ 이상
종류	아레카야자, 쉐플레라, 아이비, 접란	드라세나, 파키라, 벤자민고무나무	아디안텀, 몬스테라, 페페로미아
대표 식물			

2) 여 름

– 푸르름을 만끽하세요!! 단, 벌레들도 여름을 가장 좋아합니다.

여름철은 식물의 푸르름을 만끽할 수 있는 계절이며, 식물의 생장이 하루하루 눈에 띄게 달라지기 때문에 키우는 즐거움을 두 배로 만끽할 수 있다.

그러나 단 하나의 단점이라면 병충해가 만연해지기 쉬운 계절이라는 것이다. 병충해는 환기 부족 시에 또는 공기가 정체되어 있을 경우에 많이 발생되며, 병은 특히 고온다습한 경우에 많이 생기므로 너무 식물을 빽빽하게 심으면 안 된다. 식물과 식물 사이를 솎아 주는 것이 좋다.

병충해의 경우 가장 많이 발생하는 것이 깍지벌레이며, 관수를 많이 할 경우에 생긴다. 정성을 들여서 키운 화초에 벌레가 생긴다면 얼마나 난감한가? 물줄 때 식물의 잎과 줄기를 잘 살피면서 조금만 주의 깊게 식물을 대한다면 병충해도 초기에 잡을 수 있을 것이다.

3) 가 을

– 날씨가 서늘해지지요? 가을꽃을 맘껏 즐기세요. 곧 겨울입니다.

온대산 식물의 경우에는 대부분 실외에서도 월동이 가능하지만, 열대 및 아열대 식물의 경우에는 실외, 또한 베란다에서도 월동이 불가능하다. 따라서 11월쯤에는 베란다에 내놓았던 식물을 들여놓을 준비를 하는 것이 좋으며, 들여놓을 시기는 식물의 종류에 따라서 결정된다. 내한성이 있는 야자종류는 늦게 들여놓아도 좋지만, 내한성이 없는 몬스테라나 페페로미아와 같은 열대식물은 10℃ 이하 한기가 느껴지기 전에 빨리 들여놓는 것이 좋다.

4) 겨 울

- 모든 식물이 잠을 자는 시기입니다.

우리나라는 사계절이 뚜렷하여 다양한 식물들이 잘 자라는 환경이지만 겨울철(11월 초순~4월 초순)에는 실내가 건조하고 춥기 때문에 식물을 키우기가 가장 까다롭다.

겨울철의 실내원예식물 관리는 적은 광선 양과 건조한 환경, 환기불량으로 인한 탁한 공기 등으로 그리 쉽지는 않지만 약간의 기본적인 상식과 기술만을 익힌다면 수월하게 화초를 가꿀 수 있을 것이다.

겨울철은 광선이 약하고 낮의 길이가 짧기 때문에 최대한 빛을 보게 하기 위해서 창가 쪽에 배치하는 것이 좋다.

물주기는 화분에 물을 주는 것보다 주위의 공중습도를 유지하는 데 더 신경을 써야 한다. 실내공기가 건조하기 때문에 화분에만 물을 주는 것보다 분무기로 물을 여러 번 뿌려 주거나 수반에 물을 받아놓아 증발시키는 요령이 필요하다.

실내의 환경이 고온·건조하면 식물은 호흡작용과 증산작용으로 영양분과 수분을 과다하게 소모하여 쇠약해진다.

겨울철에는 물가꾸기 방법을 이용해서 실내장식을 하면 실내습도도 높일 수 있을 뿐만 아니라 근처 식물의 생육환경을 조절하는 역할도 하기 때문에 겨울철 실내재배에는 적격이다.

겨울철에는 벌레가 생겼더라도 솜이나 젖은 걸레로 잡거나 제거하는 것으로 충분하다. 겨울철 실내에서 농약(살충제)을 뿌리는 것은 바람직하지 않으니 봄까지 기다리는 것이 좋다.

또한 겨울철에는 환기를 자주 못하기 때문에 먼지가 식물의 잎에 쌓일 수 있으므로 자주 떨어 주고 물을 뿌리거나 젖은 수건으로 자주 닦아 주는 것이 좋다. 식물의 숨구멍이 막히는 것을 예방하고 잎이 깨끗해져서 광합성도 더 많이 하게 된다. 특히 겨울철 장기간 여행 시에는 야간에 실내온도가 영하로 떨어지지 않게 주의해야 한다.

8장

오감으로 즐기는 허브식물

-독특한 향기와 맛,
질병을 치료하는 힘까지…

1 허브란?

1) 허브식물의 의미

허브(herb)는 "잎이나 줄기가 식용과 약용으로 쓰이거나 향과 향미(香味)로 이용되는 식물"로 정의하고 있다. 요즘에는 꽃·줄기·잎·뿌리 등에 향이 있어 요리, 살균, 향수, 미용, 질병치료 등에 이용되는 모든 초본식물을 허브라고 한다. 또한 허브식물은 특유의 맛과 향으로 신선한 상태에서 음식과 약용식물로 많이 이용되기 때문에 향신료라고도 한다.

그림 8-1 다양한 허브가든

2) 언제부터 허브를 이용하였나?

기원전 고대시대부터 종교의식에 사용하였으며, 이집트에서 미라를 만들 때 부패를 막기 위해 허브를 사용한 기록이 벽화에 남아 있다. 중세에는 질병치료와 전염병에 허브를 약용으로 사용하다가 점차 향수·화장품 등의 생활용품으로 이용하기 시작하였다. 요즘에는 세계 각지에서 향신료, 약용, 미용 등 다양한 용도로 생활 속에서 이용하고 있다.

오늘날 인기 있는 허브식물의 종류가 대부분 서양과 유럽에서 들여온 것이라 외국 식물로 알려져 있지만, 우리나라에서도 「단군신화」에 마늘과 쑥의 사용기록이 있으며 오래전부터 생강, 파, 산초 등을 허브로 이용해 왔다.

2 초보자도 쉽게 키울 수 있는 허브식물의 종류

1) 라벤더(Lavender)

그림 8-2 라벤더

향이 매우 좋고 부드러운 느낌이라서 향의 여왕이라고 불리며, 6월 중순에서 8월 초순까지 보라색·자색·분홍색·백색 등의 꽃이 핀다. 향기 성분이 잎과 꽃의 표면을 얇게 덮고 있어 빛나는 것처럼 보이기 때문에 관상용 허브로 인기가 높다. 그리스 시대부터 입욕제로 쓰였으며 중세에는 세탁물의 향을 내는 데도 사용되었다. 긴장감, 스트레스, 혈압을 안정시키는 강력한 진정효과를 가지고 있다.

수십 종의 변종이 있으며, 우리나라에서는 추위에 약해 겨울철 온실에서 키우는 여러해살이풀이다. 가능한 비를 피하고 통풍이 잘되는 곳에서 키운다. 향주머니를 만들 때 유용하다.

2) 레몬밤(Lemon balm)

그림 8-3 레몬밤

여러해살이풀로 초여름 잎자루에 하얗고 작은 꽃이 핀다. 꽃과 잎을 이용하며, 히스테리·공포·쇼크 등 감정을 진정시켜 준다. 상큼한 맛이 있어 위장장애, 소화불량, 설사, 메스꺼움 해소에 좋다. 임신 중에는 사용을 주의한다. 에센셜오일은 멜리사(Melissa)라고 불린다.

햇빛이 잘 드는 곳에서 잘 자라며, 실내에서 키우기에도 좋으나 그늘에서 자라면 향이 제대로 나지 않는다. 이른 봄 싹트기 전 포기나누기나 여름철 꺾꽂이로 번식해 준다.

3) 로즈마리(Rosemary)

그림 8-4 로즈마리

여러해살이풀로 2미터까지 자란다. 좁고 가는 솔잎 모양의 잎은 가죽처럼 질긴 성질을 가지고 있으며 윤기가 나고 특유의 강한 향기가 잎, 꽃에서 난다. 기억력 증진, 감각기관 소생, 류머티즘 통증 완화, 저혈압, 비만, 두통, 편두통 등에 효과가 있다.

햇빛이 잘 들고 바람이 잘 통하는 장소에서 잘 자라며 약알카리성 토양에서 잘 자란다. 겨울에는 약간 건조한 듯 관리하고, 물빠짐이 좋은 토양에 심는다. 가을에는 식물체의 1/3 정도를 잘라서 겨울나기를 준비한다.

4) 마조람(Marjoram)

여러해살이풀로 섬세하고 달콤한 방향을 가지고 있으며 약간 쓴맛이 난다. 6월 중순에서 7월 하순에 흰색이나 분홍색의 작은 꽃을 피우며 잎과 줄기를 이용한다.

그리스 로마시대부터 마조람은 행복의 상징으로 여겨지고 있다. 로마시대는 각종 소스의 조미료로 사용하였고, 향기가 부드러워 중세 유럽에서는 향주머니를 만드는데 없어서는 안 될 허브였다.

피부의 정화, 진정, 진통작용, 운동 후의 근육통이나 감기 예방에 효과가 있으며 정신안정 작용도 갖고 있다.

통풍이 잘 되고 비가 많이 오는 곳에서 잘 자라며 겨울철 추위에 약하다.

한여름 베란다에서 키울 때는 낮에 물을 주는 것을 삼가며, 온도가 40~50℃까지 올라가지 않도록 창문을 열어 둔다.

그림 8-5 마조람

5) 민트(Mint)-박하

6월 하순에서 8월 중순에 백색이나 분홍색의 꽃이 핀다. 잎·꽃을 이용하며, 기분을 맑게 하는 효과와 감기·코막힘·치통·식중독·구취제거·구토·설사·변비·피부염·마른버짐 등에 좋다. 고온과 건조에는 약한 편으로 반그늘에서 잘 자란다. 꺾꽂이나 포기나누기로 번식한다.

페퍼민트

스피어민트

애플민트

그림 8-6 민트(박하)류

6) 캐모마일(Chamomile)

국화과 식물로 백색과 황색의 꽃이 피는 여러해살이풀로 꽃과 잎을 이용한다. 진정작용, 소화촉진, 불면증에 좋다. 유럽에서는 식후에 커피 대신 차로 즐겨 마시며, 과로와 스트레스에 쌓인 수험생·직장인들의 피로를 풀어 주는 데 탁월한 효과가 있다. 또 목욕재로 이용하면 근육통, 신경통, 피로 등이 완화된다. 다른 허브에 비해 추위를 잘 견디는 편이며, 햇빛을 매우 좋아한다.

그림 8-7 캐모마일

7) 타임(Thyme)

백리향이라고도 불리며, 여름에 흰색에서 분홍색에 이르기까지 다양한 색의 작은 꽃이 핀다. 타임에는 레몬타임, 골든타임, 실버타임 등 많은 종류가 있다. 잎·꽃(포기 전체)을 이용하고, 폐기능 강화, 편도염, 후두염, 인후염, 기관지 천식, 이뇨작용 촉진, 집중력 향상, 기분을 맑게 하는 효과 등이 있다.

햇볕이 잘 드는 곳에서 잘 자라고, 여름철 고온다습한 기후에는 약하므로 통풍에 신경 써야 한다. 봄·가을 포기나누기, 꺾꽂이 등으로 번식한다.

그림 8-8 타임

8) 세이지(Sage)

초여름에 청색, 흰색, 분홍색, 노란색 등의 다채로운 꽃이 피므로 허브 가든의 여왕으로 불린다. 입술 모양의 꽃잎은 은회색의 잎과 대조를 이루어 대표적인 관상용 허브이다. 이용 부위는 잎·꽃이며, 천식, 살균소독작용, 해열, 생선비린내·육류 냄새·입 냄새 제거에 좋다. 주로 음식에 향신료로 이용하거나 향수용품으로 쓰인다.

세이지는 로마 시대부터 유명한 약초로 뇌와 근육을 강화시켜 주고 꾸준히 장복하면 장수한다고 했다. 약간 건조하고 척박한 토양에서 잘 자라며, 장마철 물 빠짐이 좋지 않으면 쓰러지기 쉽다. 향기가 좋아 진하게 달여서 머리를 감을 때 린스로 사용하면 윤기가 흐르고 향수 효과까지 얻을 수 있다.

그림 8-9 세이지

3 허브를 키워요~

종자를 사서 직접 키울 수 있지만 적당한 환경이 갖추어지지 않으면 싹이 나지 않아 실패할 수 있기 때문에 모종을 사서 기르는 것이 적당하다. 대부분 허브는 햇빛을 좋아하므로 창가나 베란다에서 키우고, 바람이 잘 통하는 환경만 갖추어지면 성공적으로 기를 수 있다.

물주기는 물이 화분 밖으로 나올 정도로 충분히 주며, 뿌리가 썩지 않게 준다. 여름철 장마기간에는 통풍을 잘 시켜 주고, 겨울철에는 물을 적게 주어 추위에 잘 견딜 수 있도록 키운다.

배양토는 보수력과 통기성이 좋은 토양으로 하며, 중성 토양과 약알칼리성의 토양을 좋아하므로 조개껍질이나 달걀껍질을 잘게 부수어 섞어 주는 것도 좋다. 질석과 펄라이트를 섞어서 통기성을 높이는 것도 좋다.

비료는 다른 식물에 비해 적게 사용해야 향과 맛이 좋은 허브를 재배할 수 있다. 허브는 향기가 있어 다른 식물에 비해 병해충이 많이 발생하지 않는 것이 특징이다. 그러나 약한 빛과 습기가 많은 곳에서는 병해충이 발생하기 쉬우므로 기온, 햇빛의 양, 통풍에 신경을 쓴다. 병든 잎은 가지치기를 한다.

허브의 번식법은 꺾꽂이, 포기나누기, 휘묻이 등의 영양번식법으로 손쉽게 할 수 있다. 허브는 수확하여 보관을 잘하면 장기간 필요할 때마다 쉽게 즐길 수 있다. 생육이 왕성할 때 가장 강한 향기를 지니기 때문에 이 시기에 수확하는 것이 좋은데, 맑은 날씨가 며칠간 계속될 때 오전 중에 잘라낸 허브를 물에 깨끗하게 씻어 물기를 뺀 후 작은 다발 형태로 통풍이 잘 되는 곳에 매달아 건조시킨다.

허브의 보관은 잎과 종자가 바삭바삭해질 때까지 건조시킨 후 적당한 길이로 잘라 밀봉용기에 넣어 햇빛이 닿지 않는 시원한 곳에 보관하고, 용기 안에 건조제를 넣어 주면 효과적이다. 향기가 날아가기 쉬운 바질이나 세이지 등은 신선한 상태 그대로 잘게 썰어 랩에 싸서 냉동실에 보관한다.

허브도 좋아하는 환경이 다르다.

* 추위에 잘 견디는 허브 : 라벤더, 민트, 타임, 오레가노, 히솝, 로즈마리 등
* 추위에 약한 허브 : 마조람, 샤프란, 파인애플세이지, 제라늄, 펜넬 등
* 반그늘을 좋아하는 허브 : 레몬밤, 차빌, 야로우, 스위트바이올렛, 민트 등
* 햇빛을 좋아하는 허브 : 세이지, 타임, 레몬그라스, 로즈마리, 라벤더 등
* 건조에 잘 견디는 허브 : 로즈마리, 라벤더, 타임 등
* 건조에 약한 허브 : 민트, 마조람 등

4... 질병을 치유하는 향기의 힘, 아로마테라피

아로마테라피(aromatherapy)는 향기 나는 식물의 꽃, 줄기, 잎, 뿌리, 열매 등에서 추출한 향기물질(에센셜오일, 향유 또는 정유라고 한다.)을 호흡기 또는 피부를 통해 체내에 흡수시킴으로써 몸과 마음을 치유하고 건강을 회복하게 하는 것으로 향기요법이라고도 한다. 아로마테라피의 매력은 질병의 예방은 물론 초기치료 또는 보조치료로서 동서양을 불문하고 각광을 받고 있다.

과도한 스트레스가 누적되면 호르몬의 균형이 무너지고 신진대사도 잘 되지 않아 심신에 이상이 나타나게 된다. 에센셜오일은 사람의 감정이나 정서에 좋은 영향을 줄 뿐만 아니라 신경계, 내분비계 및 면역계에 영향을 주어 항상성(homeostasis)을 유지할 수 있도록 해준다. 최근 들어 현대인의 질병 예방과 치유에 그 효과가 뛰어난 자연의학으로서 중요성이 점차 확대되고 있으며, 자기 체질에 맞게 적용하면 건강에 많은 도움을 받을 수 있다.

1) 아로마테라피의 역사

아로마테라피의 역사는 기원전으로 거슬러 올라간다. 고대인도, 페르시아, 이집트 시대에 흙으로 만든 항아리 속에 물과 향기식물을 넣고 끓여 나오는 증기를 옷감에 흡착시킨 후 이것을 짜서 향유를 얻거나 동식물의 지방유에 향기식물을 넣고 우려내어 얻었다. 중세시대에는 질병치료와 흑사병이 번졌을 때 에센셜오일의 사용으로 확산을 방지하였다고 한다.

1937년 프랑스의 화장품 화학자 르네 모리스 가테포스(Rene-Maurice Gattefosse)가 연구 도중 자신의 손에 화상을 입었을 때 라벤더 오일이 들어 있는 통에 손을 담근 후 통증이 완화되고 화상을 입은 피부가 빨리 치유되어지는 것을 발견하고 아로마테라피에 대한 효과에 대해 관심을 갖게 되었다. 그 뒤 여러 질병치료에 유용한 화학적 성분이 밝혀지고 1960년대에 접어들면서 신경정신과 등 의학적인 분야에 대체요법의 한 분야로 널리 행해지게 되었다. 오늘날 유럽과 미국에서는 수천 명의 의사들이 치료에 에센셜오일을 적용하고 있으며, 병원에서도 대체의학으로서 아로마테라피를

행하고 있다.

동양에서는 역사적 기록을 보면 훈초(薰草)를 지니고 다니면 전염병이 예방된다고 전하고 있으며, 중국의 한(漢)나라 시대에는 향주머니를 지녀 병을 방지한다는 기록이 있다. 또한 당(唐)나라 때에는 비누에 향유를 섞어 얼굴의 흑반을 치료했다고 되어 있으며, 향을 베개 속에 넣어 험한 꿈을 꾸는 것을 치료했다고도 전한다. 청(淸)나라 시대에도 서태후의 질병예방과 피부미용에 사용한 기록이 유명하다.

우리나라에서는 불교의 전래와 함께 향이 사용되었고, 삼국시대의 고승들이 인도 여행을 통해 향료를 입수했다는 기록이 있다. 고려시대는 아라비아와 직접교역을 통해 향의 수입이 이루어졌다. 『동의보감』에 신침법이라 하여 32가지 향기가 나는 식물을 넣어 만든 베개를 건강증진 목적으로 사용하는 방법이 기록되어 있다.

2) 에센셜오일이란?

(1) 에센셜오일의 추출부위

에센셜오일(정유)은 식물의 2차대사 산물로 우리 인체에 호르몬이 필수적으로 있어야 하듯 식물의 생명력도 여기서 나온다고 할 수 있다. 인체 사용 가능 정유는 약 80종이 있으며, 각 종류별로 그 식물에서 추출부위가 달라진다. 모든 정유는 소독 및 방부효과가 뛰어나며 100% 순수 자연성분으로 생명력을 가지고 있다.

① 꽃 : 재스민, 장미, 캐모마일, 네롤리, 일랑일랑

② 식물 전체 : 바질, 제라늄, 라벤더, 페퍼민트, 로즈마리, 타임, 클라리세이지

③ 나무 : 시더우드, 로즈우드, 샌들우드

④ 열매 : 딜, 블랙페퍼, 캐롯, 만젤리카

⑤ 과일 : 오렌지, 라임, 레몬, 만다린, 그레이프푸르트

⑥ 잎 : 사이프러스, 유칼립투스, 티트리

⑦ 수지 : 몰약, 유향, 벤조인

(2) 에센셜오일의 특징

① 공동상승작용 : 2~3종류의 에센셜오일을 혼합해서 사용할 때 한 종류만 사용하는 것보다 더욱 효과가 커진다. 단 4종류 이상을 혼합하면 오히려 효과가 떨어진다.

② 신체 적응성 : 자연적으로 신체의 균형을 맞춰 준다. 한 가지 오일이 서로 상반되는

작용을 할 수도 있으며 신체리듬에 따라 때로는 이완제로 때로는 자극제로 작용한다.

③ 화학적 유형 : 같은 종의 식물일지라도 자라난 환경, 기후조건에 따라 성분· 효능이 다른 에센셜오일을 추출하게 된다. 그러므로 적절한 성장조건을 유지시켜야만 최상의 효능을 가진 에센셜오일을 추출할 수 있다.

④ 휘발성 : 휘발되는 정도에 따라 상향(top note), 중향(middle note), 하향(base note)으로 분류된다.

- 상향(1시간 정도 휘발) : 가장 빠르게 작용하여 효능이 가장 빠르고, 가장 빨리 증발한다. 정신과 신체에 가장 자극적이며 강한 활동력이 있다. 라벤더, 레몬, 주니퍼, 바질, 베르가모트 등
- 중향(3시간 정도 휘발) : 보통정도의 증발력을 가지고 신체의 일반적인 대사기능에 영향을 준다. 제라늄, 재스민, 일랑일랑, 장미, 캐모마일 등
- 하향(6~12시간 정도 휘발) : 제일 느린 증발력을 지니며, 진정작용과 이완작용을 한다. 유향, 머스크, 백단향 등

(3) 에센셜오일의 블랜딩 원칙

에센셜오일은 방울(drop)이라는 개념으로 희석한다.
1㎖ = 20방울, 1티스푼 = 5㎖

에센셜오일을 마사지에 사용할 때에는 원액을 사용하지 않고 향유의 흡수를 도와주는 보조오일인 캐리어오일(호호바, 아몬드 등)에 희석하여 사용하는데 일반적으로 1~5% 정도로 희석한다. 대개는 2.5%로 희석할 것을 권한다.

에센셜오일은 얼마나 많은 양을 어떻게 희석해야 할지 어렵게 생각하지 말고 캐리어오일의 1/40 정도의 에센셜오일을 사용한다. 예를 들면 50㎖ 캐리어오일에 25방울의 에센셜오일을 희석하면 간단하게 2.5%의 희석도가 된다.

연령별 에센셜오일 블랜딩 방법

* 영아(0~1세) : 캐리어오일 10㎖에 에센셜오일 1방울 정도
* 유아(1~5세) : 캐리어오일 10㎖에 에센셜오일 2~3방울 정도
* 어린이(6~12세) : 캐리어오일 10㎖에 에센셜오일 3~4방울 정도
* 청소년(13~18세) : 캐리어오일 10㎖에 에센셜오일 4~5방울 정도
* 성인(19세~) : 캐리어오일 10㎖에 에센셜오일 6~8방울 정도

3) 에센셜오일의 인체 흡수 경로

에센셜오일은 대개 피부를 통하거나 호흡기를 거쳐 폐를 통해 체내로 흡수되는데, 이때 흡수된 향기 분자들은 혈관으로 들어가 대뇌에 호르몬을 조절하고 온몸으로 퍼져 비정상적인 세포들을 정상화시키고 최종적으로 향기에 대한 정보가 세포 내에 전해진다. 대뇌 신경계는 감정을 조절하고 자율신경계와 호르몬의 중추가 있는 부분이므로 후각신경을 통해 향기 신호의 영향으로 몸과 마음의 질병이 치유되는 것이다.

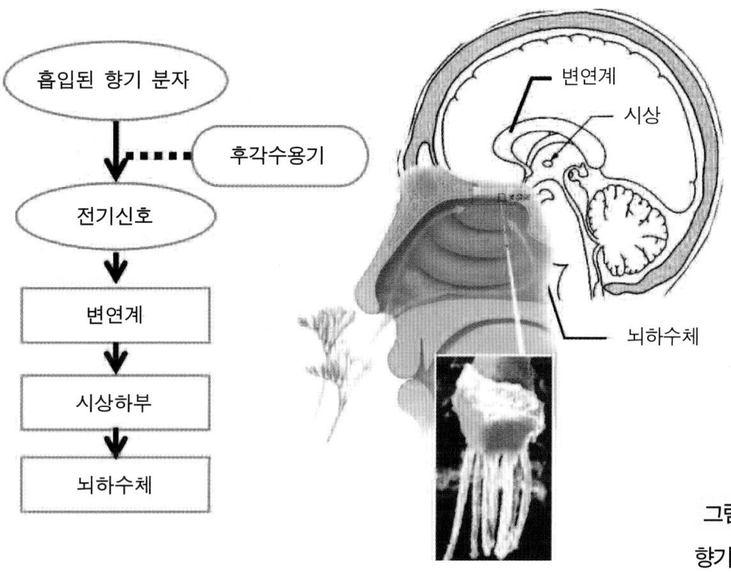

그림 8-10
향기의 인체 흡수 경로

향기는 후각세포에서 전기적 신호로 변환되어 뇌의 변연계로 화학반응을 보낸다(그림 8-10). 그리고 변연계는 호르몬을 조절하는 시상하부(hypothalamus)로 전달된다. 시상하부는 자율신경계와 호르몬을 지배하는 뇌하수체(hypophysis)에 신호를 전달한다. 분비된 호르몬은 소화기관, 생식기관, 감정을 관장하는 각 부위에 영향을 미치고 이 같은 과정을 통해 생리적으로 혈압·맥박 등에 영향을 미치게 되는 것이다. 또한 피부나 폐를 통해서 유입된 에센셜오일은 내분비선에 영향을 주기도 하며, 호르몬의 균형을 조절해 주는 작용을 한다.

향기 → 변연계 → 시상하부 → 뇌하수체 → 호르몬 분비 → 자율신경계 조절

4) 아로마테라피 적용 방법

(1) 흡입법

코로 향기를 흡입하는 것으로 우울증, 피로회복, 기침, 천식, 스트레스 관련 질환들에 효과적이다.

〈램프확산법〉

① 램프확산법 : 실내에 은은하게 향기를 램프나 증발기를 이용하여 2~6방울 에센셜오일을 확산시켜 간단하게 호흡함으로써 자극을 받고 치료효과를 얻을 수 있다.

② 증기흡입법 : 2리터 이하의 더운물에 에센셜오일을 최대한 15방울까지 보통 6~10방울 혼합해 넓은 그릇에 담아 수건으로 덮고 눈을 감고 코로 들이마신다. 적어도 10분 이상 해야 된다.

〈증기흡입법〉

③ 건식흡입법 : 에센셜오일 2~3방울을 티슈나 헝겊에 묻혀서 코로 흡입하는 방법, 간편하게 사용할 수 있다. 멀미나 급성 증상에 사용하기도 한다.

④ 스프레이 분사법 : 에센셜오일을 증류수나 알코올에 희석하여 펌프로 분사시킨다. 감기증상이 있을 때, 비염, 코막힘에 사용하면 좋다. 입 안의 구취제거, 인후염의 증상 완화에도 사용할 수 있다. 희석농도는 5~10% 정도이다.

(2) 목욕법(족욕법 포함)

따뜻한 물로 목욕할 때 에센셜오일을 첨가하면 신진대사가 더욱 원활해지고, 혈액순환과 긴장을 완화시켜 주는 효과가 있다. 욕조에 오일 5~10방울을 떨어뜨린 후 잘 섞는다. 목욕 후 피부 표면에 있는 오일을 닦아내지 말고 그대로 말리거나 피부에 로션을 가볍게 발라 주는 것이 좋다.

〈목욕법〉

(3) **마사지법**

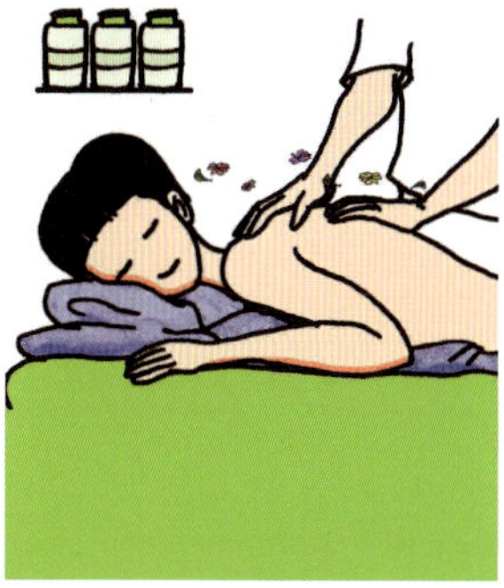

〈마사지법〉

에센셜오일을 이용하여 마사지를 하면, 혈액과 림프의 순환을 높여 경직된 근육이 풀어지고 긴장이 해소되어, 노폐물이 제거되는 장점이 있다. 호호바 오일에 2~3%의 에센셜오일을 섞어 마사지한다.

(4) **습포법**

〈습포법〉

마사지가 여의치 않을 경우 신체 부위별로 찜질을 하는 방법이다. 통증이 있는 부위를 집중적으로 찜질하는 방법으로 류머티즘·관절염·요통·치통·발열에 좋고, 찬 습포는 두통, 부어오른 부위, 멍든 부위 등 급성 질환에 좋다. 한 번에 최소한 30분~1시간 정도 해야 효과를 볼 수 있다. 물 1리터 정도에 오일 5~10방울을 잘 섞은 후 거즈에 적신 다음 통증 부위를 감싸 준다.

5) 에센셜오일의 사용상 안정성과 주의사항

(1) **간단한 피부 테스트**

에센셜오일을 처음 사용할 때는 피부 테스트를 실시하도록 권장한다. 민감성 피부타입의 소유자라면 호호바 오일 한 스푼 분량에 시험하고자 하는 오일 한 방울을 섞어서 자신의 귀 뒤편, 목덜미나 손목 안쪽에 살짝 발라 본다. 그런 다음 다른 천으로 덮거나, 물로 씻지 않은 상태에서 하루 정도 지난 후 테스트 부위를 살펴본다. 피부 발진이나 가려움증이 없는 상태라면, 그 오일은 사용하는 데 아무런 문제가 없다는 것을 의미한다. 그리고 더 자세한 시험 및 오일을 사용할 때에는 전문가와 상담을 꼭 해야 한다.

(2) 태양 광선에 영향을 받는 에센셜오일

어떤 오일들은 직사광선이나 자외선에 노출되면 피부가 까맣게 변한다. 그레이프푸르트, 레몬, 라임, 만다린, 오렌지 등의 에센셜오일은 광민감성 종류이다.

(3) 임신과 에센셜오일

미세한 분자구조로 되어 있는 에센셜오일은 피부를 통하여 스며들 수도 있으며, 체내 혈류나 체액 속에서 검출되기도 한다. 이런 이유로 사용하는 데 주의를 필요로 한다.

임신 중에는 피부가 약해져 더욱 잘 스며들 수 있는 상태로 되고 동시에 더욱 민감해진다. 여러 종류의 에센셜오일들은 태반, 태아에 장해가 될 수도 있기 때문에 무분별하게 사용하는 것은 위험하다. 일부 오일들은 여성호르몬을 자극하여 유산의 조짐을 일으킬 위험이 있으므로 임신 초기(3개월)에는 사용을 금하는 것이 좋다.

(4) 에센셜오일 취급 시 주의사항

- 에센셜오일을 원액으로 마사지하지 않는다.
- 눈이나 귀의 점막에 오일을 직접적으로 사용하지 않는다.
- 에센셜오일 사용 시 정확한 사용량을 지킨다.
- 지나치면 피부염, 두통, 메스꺼움, 과민반응이 생길 수 있다.
- 어린이 손에 닿지 않는 곳에 보관한다.
- 햇빛이 닿지 않는 서늘한 곳에 보관한다.

주의를 요하는 에센셜오일의 종류

* 피부에 직접 사용을 금하는 오일 : 시나몬바크, 카시아, 펜넬, 글로브스덤
* 임신 중 사용을 금하는 오일 : 애니씨드, 바질, 시더우드, 클라리세이지, 재스민, 사이프러스, 마조람, 몰약, 페퍼민트, 로즈마리, 장미, 타임
* 간질 환자에게 금하는 오일 : 스위트, 펜넬, 히솝, 세이지
* 빛에 닿으면 화학반응을 보이는(감광성) 오일 : 시트러스(감귤류) 오일들

5 허브를 이용한 웰빙 라이프 즐기기

1) 생활 속 허브의 이용

① 신경을 안정시키는 허브 : 민트, 카밀레, 라벤더

② 불면을 치료하는 허브 : 민트, 마조람, 호프, 아니스

③ 긴장을 완화시켜 주는 허브 : 민트, 베르가모트

④ 진정작용에 사용하는 허브 : 바질, 베르가모트, 타임

⑤ 차로 사용하는 허브 : 레몬밤, 세이지, 라벤더, 민트, 타임, 로즈마리, 펜넬

⑥ 목욕용 허브 : 카밀레, 세이지, 장미, 민트, 로즈마리, 레몬밤, 마조람, 타임

⑦ 소스용 허브 : 러비지, 고수, 차빌, 세이지, 히숍, 타임, 레몬그라스, 마조람

⑧ 콩 요리에 사용하는 허브 : 사보리

⑨ 샐러드용 허브 : 딜, 바질, 히숍, 마조람, 로즈마리, 세이지, 사보리, 타임, 파슬리, 민트

2) 생활 속 허브 처방

① 편두통 : 램프확산법으로 라벤더 3방울, 캐모마일 1방울을 배합하여 사용한다.

② 우울증 : 램프확산법 또는 증기흡입법으로 클라리세이지 3방울, 일랑일랑 2방울, 제라늄 1방울을 혼합하여 사용한다.

③ 불면증 : 건식흡입법으로 거즈에 라벤더 3방울, 캐모마일 2방울, 목욕법으로 라벤더 9방울, 일랑일랑 6방울, 캐모마일 3방울을 혼합하여 사용한다.

④ 기억력상승 : 증기흡입법으로 레몬 3방울, 바질 3방울, 로즈마리 2방울 배합하여 사용한다.

⑤ 감기 : 증기흡입법으로 로즈마리 3방울, 페퍼민트 3방울, 유칼립투스 3방울, 레몬 3방울을 혼합하여 사용한다.

⑥ 기침 : 증기흡입법으로 시더우드, 유칼립투스, 히숍을 1방울씩 배합하여 사용한다.

⑦ 관절염 : 마사지법 또는 목욕법으로 라벤더 7방울, 로즈마리 5방울, 페퍼민트 4방울, 주니퍼 3방울을 혼합하여 사용한다.

⑧ 근육피로 : 라벤더 4방울, 로즈마리 3방울, 페퍼민트 3방울, 주니퍼 2방울을 캐리어 오일에 2~3%로 희석하여 마사지한다.

⑨ 만성스트레스 : 라벤더 3방울, 제라늄 2방울, 베르가모트 2방울을 섞어서 램프확산법으로 적용한다.

⑩ 생리전증후군 : 라벤더 5방울, 제라늄 2방울, 주니퍼 2방울, 클라리세이지 1방울을 혼합하여 램프확산법으로 이용한다.

⑪ 변비 : 마조람 3방울, 로즈마리 3방울, 캐모마일 2방울, 캐리어오일 15㎖를 섞어 복부에 마사지한다.

⑫ 소화불량 : 레몬 2방울, 페퍼민트 2방울, 샌들우드 3방울에 캐리어오일 15㎖를 섞어 복부에 마사지한다.

⑬ 멀미 : 페퍼민트 4방울, 생강 4방울을 흡입하거나 페퍼민트와 라벤더 1~2방울을 티슈에 떨어뜨려 호흡한다.

⑭ 설사 : 티트리 3방울, 페퍼민트 3방울, 제라늄 2방울, 샌들우드 2방울을 캐리어 오일 15㎖에 섞어 복부 마사지하거나 램프확산법이나 습포법으로 이용한다. 캐모마일 1방울, 라벤더 3방울, 유칼립투스 2방울을 배합하여 증기흡입법으로 사용한다.

9장

키우는 즐거움과 먹는 즐거움을 동시에!!

꽃은 주로 장식용으로 생각하고 있지만 주변을 살펴보면 꽃을 이용한 꽃차, 꽃비빔밥, 샐러드, 튀김 등 먹는 용도로 사용할 수 있다. 식물을 키우면서 즐거움도 느끼고, 무농약으로 내손으로 키운 유기농 채소, 꽃, 과일들을 저녁식탁에 올려놓는다고 생각해보자. 몸은 조금 힘들더라도 가족들의 건강을 책임진다는 자부심은 무엇과도 바꿀 수 없을 것이다.

1 요리에 사용되는 꽃과 허브

우리나라에서도 예전부터 꽃으로 화전을 만들어 먹었다는 기록이 있으며, 이렇게 먹을 수 있는 꽃을 식용 꽃(edible flower)이라고 부르며 최근에는 건강을 생각하는 웰빙 문화와 맞물려 관심이 늘어나고 있다. 식용 꽃은 보기에도 아름다울 뿐 아니라 꽃에는 단백질, 여러 가지 필수아미노산, 비타민 등이 풍부해 건강에도 효과적이다.

그러나 꽃에 독성이 있는 경우도 있으므로 모든 꽃을 식용 대상으로 삼는 것은 금물이다. 철쭉, 은방울꽃 등은 독성이 강하며 옥잠화나 모란꽃 역시 물에 담가서 독을 빼고 먹어야 한다. 일반적으로 식용할 수 있는 꽃으로는 국화, 한련화, 장미, 팬지, 제라늄 등이 있다.

예전부터 식용 꽃으로 알려진 진달래는 화전뿐만 아니라 샐러드에 넣어 먹기도 한다. 국화는 약간 쓴맛이 나며, 대국보다는 꽃잎이 작은 소국을 가장 많이 이용하며 화전이나 부침개 등에 이용된다. 장미는 향이 은은하여 요리에 많이 사용되며, 잎이 작은 미니장미가 가장 많이 사용된다. 베고니아와 팬지도 맛과 향이 진하지 않아 다양한 요리에 쓰이는데, 꽃케이크를 만들 때 이용되기도 한다.

1) 요리에 사용되는 꽃

식용 꽃은 빨리 시들기 때문에 장기간 보관할 수 없는 것이 단점이다. 보관할 때는 저온냉동고를 이용하는 것이 좋은데 저온냉동고가 없는 경우 냉장고의 채소칸에 넣어두는 것이 좋다.

(1) 꽃비빔밥

그림 9-1 꽃비빔밥

일반적인 비빔밥은 각종 나물을 고추장과 함께 비벼먹는 것이라고 생각하지만, 나물 대신에 향기로움이 가득한 꽃을 넣어서 비벼먹으면 그 맛이 일품이면서 보는 즐거움도 만끽할 수 있다. 튀기거나 데치지 않은 그대로의 꽃이기 때문에 씹을 때 아삭아삭 씹하는 맛은 상큼한 채소와도 비교할 수 없는 묘한 맛을 느낄 수 있다.

가장 많이 사용되는 꽃으로는 팬지, 미니장미 등이며 한련화는 비타민과 철분이 풍부해 감기·기관지염·천식에 효과적인 꽃으로 건강식에 많이 첨가한다.

(2) 꽃차

꽃에서 나는 향기로움을 이용해서 차를 마셔 보자. 향기뿐만 아니라 건강까지 도움을 주는 다양한 건강식 꽃차에 대해 알아보자.

꽃차는 찻잎에 꽃향기를 흡착시켜 만든 차와 꽃 자체를 말려서 만든 것이 있다. 찻잎에 향기를 흡착시켜 마시는 대표적인 차가 재스민차이며, 재스민꽃과 찻잎을 함께 두어 향기가 스며들게 한 것이다. 국화, 장미, 매화, 생강나무꽃 등은 보통 꽃을 말린 후 우려 마신다. 일반적으로 꽃이 작고 꽃잎이 얇은 꽃은 그늘에 말리고, 꽃이 크고 꽃잎이 두꺼운 꽃은 설탕이나 꿀에 재워서 뜨거운 물에 타서 마신다.

꽃차는 꽃이 만개하였을 때 수확하여 1주일 이상을 반그늘에서 건조시킨 뒤, 밀폐된 용기에 냉장 또는 냉동 보관하는 것이 좋다. 그래야 향을 잃지 않고 향기로운 차를 마실 수 있다. 꽃을 말릴 때는 습기를 완전히 제거해야 보관 시 곰팡이가 생기지 않는다.

그림 9-2 말린 꽃을 우려낸 꽃차

꽃차는 향기가 좋을 뿐만 아니라 건강에도 여러모로 도움이 된다. 아카시아꽃차는 방광염·기관지염에 효과가 좋으며, 산딸기나무꽃차는 혈압조절에 효과적이다. 때죽나무꽃차는 인후염·두통에 효과가 있으며, 찔레꽃차는 당뇨환자에게 도움이 되며, 찔레꽃은 말려도 좋지만, 색이 잘 변하기 때문에 꿀이나 설탕에 재어서 먹는 것이 좋다. 찔레꽃과 꿀을 6 : 4의 비율로 넣는다. 재워 놓은 꽃은 한 달 정도 지나면 차로 마실 수 있다. 등나무꽃차는 근육통 해소에 효과적이다. 생강나무꽃차는 몸이 냉한 사람을 따뜻하게 해주는 역할을 한다.

(3) 샐러드 및 튀김

식용 꽃을 우리 식탁에서 가장 손쉽게 이용할 수 있는 방법이 샐러드와 튀김이다. 샐러드와 튀김의 재료를 흔히 사용되는 식용 꽃으로는 다알리아, 양란, 소국, 카네이션, 금잔화, 튤립 등을 들 수 있다.

① 다알리아는 여름철에 보라색 꽃이 피며, 약간 쓴맛이 있어 초무침·튀김·볶음 등에 이용하면 좋다.

② 우리나라 사람들에게 요즘 인기가 좋은 양란은 꽃잎이 약간 빳빳해 살짝 튀기거나 볶아 먹으면 맛있다. 샐러드나 젤리 등에 넣으면 아삭아삭한 맛을 즐길 수 있다.

③ 소국은 우리나라에서 요리에 많이 사용했던 가을꽃으로 꽃잎으로 화전이나 부꾸미를 장식하면 잘 어울리고, 차나 술을 담가 향을 우려내 은은한 맛을 즐겨도 좋다.

④ 카네이션은 붉은색, 분홍색, 노란색 등 색깔이 다양하므로 적절하게 섞어 샐러드에 넣거나 케이크를 장식할 때 이용하면 호화로운 분위기를 연출할 수 있다.

⑤ 금잔화는 색깔이 예쁘고 꽃송이 하나에서 얻을 수 있는 꽃잎이 많아서 요리에 가장 많이 쓰는 식용 꽃 가운데 하나로, 초무침이나 젤리·묵·과자 등 어떤 요리에 넣어도 좋다.

⑥ 튤립은 빨간색·노란색·분홍색 등 색깔이 다양하고 고와서 샐러드에 넣어도 좋고, 다른 꽃들과 함께 섞어서 살짝 튀기거나 볶아 먹어도 맛있다.

2) 요리에 사용되는 허브의 종류

허브는 약의 개념이 함축된 영양보급과 건강증진을 위한 식물로서 비타민과 미네랄이 풍부하고 각종 약리성분이 함유되어 있어서 곡물류나 재배채소, 과일류와는 다른 기능을 갖고 있다. 수렴·소화·이뇨·살균·항균작용 등이 있어서 식이요법을 겸하는 경우가 많으며, 요리에서는 향신료의 기능이 강조될 때도 많다. 또 요리에 있어서 허브가 함유한 정유성분이나 화학성분 등이 음식물의 고기나 생선 등의 역한 냄새를 없애는 소취제 역할, 상큼한 향기를 내는 역할, 맵고 달고 시고 쌉쌀한 맛을 내는 향신료, 방부작용과 산화방지 등 식품의 보존성을 높이는 역할, 식욕을 자극하여 소화흡수를 돕는 역할 등 다양하게 이용이 된다.

요리에 사용되는 허브의 종류

* 샐러드 : 장미, 팬지, 보리지, 바질, 민트
* 케이크 : 캐모마일, 라벤더, 제라늄, 펜넬, 로즈마리, 딜
* 차 : 재스민, 저먼캐모마일, 오렌지, 샤프란, 호프, 라벤더
* 술 : 샤프란, 장미, 인동, 펜넬, 금목서, 말로우, 히비스커스, 라벤더, 보리지
* 아이스크림 : 엘더, 샤프란, 캐모마일, 산사, 민트, 레몬밤, 장미
* 튀김 : 아카시아, 차이브, 국화, 말로우, 달맞이꽃, 옥잠화, 장미, 바질, 팬지, 도라지, 타임
* 잼 : 카네이션, 사과꽃, 야로우, 톱풀

2. 채소류

-손수 가꾼 무공해 채소로 건강부터 챙겨요

내 가족이 먹을 것이기에 채소를 고를 때는 무엇보다 신중해진다. 농약 기준치를 몇 배나 초과하는 중국 농산물, 무농약이라고는 하지만 믿기 힘든 무농약 제품들, 깨끗하게 보이기 위해서 표백제에 담근 도라지·토란 등 내가 먹을 채소들에 위험을 느끼게 된다.

정말 믿을 만한 먹을거리를 원한다면 집에서 간단하게 키워 보자. 집에서 채소를 키워서 먹게 되면 식물이 쑥쑥 커가면서 느끼는 정겨움과 함께, 내가 키운 무농약 채소를 먹는다는 두 가지 즐거움을 함께 할 수 있다. 또한 새싹채소는 1주일 정도면 수확할 수 있고 다 자란 채소보다 영양가가 높기 때문에 최근 그 인기가 나날이 증가되고 있다.

1) 쌈채소(상추, 배추, 치커리, 쑥 등)

오랜 역사를 지닌 쌈밥은 영양가도 높고 여름철 입맛을 살려주는 데 제격이다. 고기를 먹을 때 여러 가지 채소와 된장을 곁들여서 먹게 되면, 각종 야채와 쌈장에는 영양성분이 균형 있게 골고루 들어 있어서 영양식으로 손색이 없다.

(1) 상추

그림 9-3 쌈의 대표 주자인 상추

♣ 특징

우리가 가장 많이 먹는 쌈채소로 종류도 다양하고, 입맛을 살려주는 데는 그만이다. 상추를 많이 먹으면 졸립다고들 하는데 이는 상추 잎줄기에서 생성되는 우유빛 즙 때문이다. 이것은 최면·진통의 효과가 있는 락투신 때문이며, 독성이 없어서 걱정할 필요는 없다. 상추는 다른 잎채소에 비해 무기질, 비타민의 함량이 높고 철분도 많아 피를 맑게 해준다. 식이섬유가 많아 변비 예방에도 좋다.

♣ 키우기

상추 발아온도는 15~20℃ 정도이며, 온도만 가능하다면 한여름만 아니라면 언제라도 씨앗을 뿌릴 수 있는 장점이 있다. 발아가 되기 전까지는 신문지를 덮어 놓아서 토양이 마르지 않도록 관리한다. 씨앗을 뿌린 뒤 1주일 정도 지나면 새싹이 나온다. 이때부터는 덮어두었던 신문지를 걷어내고 어느 정도 키운 뒤 솎아내며, 솎아낸 상추는 어린잎채소로 샐러드 및 비빔밥을 해 먹는다. 일조량이 다른 열매채소보다는 적어도 상관없다. 그러나 건조한 것을 싫어하므로 흙이 마르지 않도록 물을 자주 준다. 본잎이 3~4장 나오면 아주심기를 하는데, 포기 간격이 15cm 이상이 되도록 심는다. 상추는 실내에서 재배 시 환기에 신경을 써주어야 한다.

(2) 미나리

♣ 특징

비타민과 무기질이 풍부한 알칼리성 식품으로 혈압을 내려준다. 칼슘과 비타민 A, C가 많아 겨울철에 나오는 미나리는 좋은 영양 공급원이 되기도 한다. 한방에서는 혈액을 맑고 튼튼하게 해주고 해독, 황달, 간장병 등에 효과가 있는 것으로 알려져 있다. 미나리는 물가꾸기로 쉽게 키울 수 있으며, 굵은 아랫부분을 잘라내어 물속에 담가두면 1주일 이내에 뿌리가 나온다.

그림 9-4 향기로운 미나리

♣ 키우기

물가꾸기로 키우면 아주 손쉽게 키워서 먹을 수 있다. 그러나 물가꾸기 시 문제점은 가끔 뿌리에서 썩는 냄새가 나거나 뿌리가 상하는 것이다. 그럴 경우에는 가끔 물을 갈아준다든가 아니면 물 아랫부분에 토양 또는 숯을 깔아주면 좋다. 미나리는 햇빛이 잘 드는 베란다에서 키우는 것이 좋다. 햇빛을 잘 받은 미나리는 잎이 새파랗고 크며, 줄기에 붉은 빛이 돌고 향이 진하다. 그러나 반대로 음지에서 자란 미나리는 줄기가 가늘고 색도 연하며 영양 면에서도 훨씬 떨어진다.

보통 가을에서 겨울철에는 뿌리가 달린 미나리 단을 구할 수 있지만, 그 외 기간에는 줄기를 이용하여 번식한다. 마디를 자를 때에는 칼로 3~6cm를 잘라서 번식시키는데 반드시 마디 하나가 붙어 있도록 잘라야 한다.

(3) 엔다이브

♣ 특징

상추류와 함께 쌈채소로 많이 이용되는 채소로 특유의 쌉싸래한 맛이 매력이다. 우리가 흔히 치커리로 불리는 채소이다. 서양에서는 샐러드는 물론 올리브, 버터, 마늘 등을 넣은 고기 요리에도 많이 이용된다. 카로틴이 많아 볶음 요리에 잘 어울리며, 철분이 풍부해서 성장기 어린이나 여성에게 좋다. 프랑스에서는 엔다이브를 약용식물로 여겨 위가 좋지 않거나 손발저림이 있을 때 먹는다.

그림 9-5 기능성 채소로 건강에 좋은 엔다이브

♣ 키우기

적당한 발아온도는 20~25℃이지만 발아 후 생육 시에는 서늘한 것을 좋아해 15~20℃가 가장 좋다. 연중재배가 가능하지만 너무 더운 날씨에는 쓴맛이 너무 강해지고 생육이 더뎌지기도 한다. 초여름에는 꽃대가 올라올 수 있으므로 주의한다. 일단 꽃대가 올라오면 더 이상 새잎이 나오지 않으며, 잎에 있는 대부분의 영양분이 꽃으로 가기 때문에 잎이 질겨지거나 맛이 없어진다. 햇빛이 잘 드는 아파트 베란다라면 한겨울에도 재배할 수 있다.

2) 새싹채소

-다 큰 채소에 비해 비타민이 10~20배

새싹채소는 재배기간이 1주일 이내이기 때문에 빠르게 식물을 재배해서 먹을 수 있다는 장점이 있다. 스프라우트라고도 불리며 흙이 필요 없이 물만으로 재배하기 때문에 간편하게 실내에서 키울 수 있는 장점이 있다. 그러나 그 무엇보다도 웰빙 문화와 더불어 건강에 대한 관심이 급증하는 현대 사회에서 새싹채소는 건강식으로 손꼽힌다. 피를 맑게 하고 암을 예방하는 성분이 많으며, 재배기간이 짧아서 비료도 필요 없으며, 농약 걱정 없이 신선한 새싹채소를 즐길 수 있다.

(1) **브로콜리**

♣ 특징

브로콜리의 싹은 다 자란 브로콜리보다 20배나 많은 항암 성분을 가지고 있다.

브로콜리는 15℃ 이상이라면 어디서든 쉽게 발아시키고 키울 수 있다. 씨앗을 뿌리고 4~5일 후에는 수확하여 먹을 수 있으며, 오래될수록 그 영양가가 적어지기 때문에 4일 이후에 가능하면 빨리 먹는 것이 좋다. 브로콜리는 영양 면에서 다른 새싹채소를 능가한다. 항암 성분으로 불리는 설포라페인이 많이 들어 있으며, 새싹의 설포라페인은 다 자란 브로콜리보다 20배가 넘게 들어 있다. 노화방지 효과가 있는 카로틴, 비타민 C도 다 자란 브로콜리보다 훨씬 풍부하다.

그림 9-6 브로콜리

♣ 키우기

브로콜리 씨앗을 6~8시간 물에 담가서 불린다. 따뜻한 온도에 빛을 가린 채 놓아두면 더 빨리 싹이 튼다. 물을 충분히 뿌려 주어서 관리하면 하루나 이틀 후 싹을 틔운다. 싹이 트고 나서 3~5일 후면 수확할 정도로 싹이 자란다.

(2) **알팔파**

♣ 특징

알팔파는 콩류이므로 씨앗에 단백질이 많아 열을 받으면 변성이 일어나 썩게 된다. 그러므로 시원하고 통풍이 잘 되는 곳에 두는 것이 좋다. 한여름에는 자주 물갈이를 해주어 뿌리의 온도를 낮춰 주도록 한다.

비타민 A, B, E, K는 물론 칼슘, 철, 마그네슘, 칼륨, 인 등이 함유되어 있어 중요 식품으로 자리매김하게 되었다. 자주 먹으면 혈중 콜레스테롤 수치를 낮춰 주고, 당뇨병·관절염에도 효험이 있다고 한다. 콩과식물들이 그러한 것처럼 알팔파 역시

그림 9-7 알팔파

갱년기 여성에게 좋은 식물성 에스트로겐을 다량 함유하고 있다.

♣ 키우기

알팔파 씨앗을 4~6시간 정도 물에 담가서 불린다. 씨앗이 발아되기 전까지 햇빛을 가려 주며, 아침저녁으로 씨앗이 마르지 않도록 물을 뿌려 주면 하루 이틀 후 싹을 틔운다.

싹이 트면 서늘한 곳에 놓아두고 계속해서 물을 뿌려준다. 4~5일이 지나면 수확할 수 있을 만큼 싹이 자란다.

(3) 무순

♣ 특징

무처럼 맵고 쌉싸래한 맛이 난다. 간혹 물관리를 소홀히 하여 수분이 부족하면 흰 솜털 같은 것이 생기는데 좀더 자주 물을 주면 이내 없어진다.

무순은 요리에 곁들이면 식욕을 자극하고 소화를 도와준다. 차가운 성질이기에 몸의 열을 내려주고 부기를 가라앉히는 역할도 한다.

그림 9-8 무순

♣ 키우기

새싹 재배용 무 씨앗을 물에 담가 6~8시간 정도 불린다. 싹이 나기 전까지 햇빛을 가리고 물은 아침저녁으로 충분히 뿌려 준다. 5~6일 정도면 수확 가능하다.

(4) 메밀싹

♣ 특징

메밀에는 고혈압·당뇨·비만·암 예방에 효과적인 루틴이 풍부한데, 메밀싹에는 메밀보다 27배나 많이 들어 있다. 게다가 아미노산·칼슘·칼륨·마그네슘까지 일반 곡류보다 영양이 훨씬 풍부하다. 섬유소 함량도 메밀의 4배에 달해서 많이 먹을수록 몸에 이롭다.

♣ 키우기

메밀 씨앗을 깨끗이 씻은 다음 15~20시간 정도 물에 불린다. 바구니를 젖은 천으로 덮고 해를 가려 준다. 아침, 저녁으로 물을 주면 2~3일 정도 후에 싹을 틔운다.

그림 9-9 메밀싹

(5) 녹두싹

♣ 특징

해열, 고혈압, 숙취해소 등에 좋은 싹채소이다. 녹두콩에 비해서 녹두싹은 비타민 A는 2배, 비타민 C는 40배나 많다.

그림 9-10 녹두싹

♣ 키우기

물에 담근 지 몇 시간도 지나지 않아 부풀어 오르고 하루 내에 싹이 튼다. 매일매일 커가는 것이 눈에 보일 정도로 생육이 빠르다. 시중에서 파는 숙주나물처럼 키우고 싶다면 콩나물과 비슷한 방법으로 키워 주면 된다.

녹두를 깨끗이 씻은 다음 8~14시간 정도 물에 담가서 불려 놓는다. 불린 씨앗을 바구니 등에 담은 다음에 20~25℃ 정도의 따뜻한 곳에 놓아둔다. 햇빛을 가리고 습도, 온도를 유지해 준다. 하루에 2~3회 정도 물을 갈아 주면 18시간에서 1일 사이에 싹이 튼다. 4일 정도면 부쩍 자란 녹두싹을 볼 수 있다.

3 과채류

토마토, 시금치, 브로콜리, 가지, 녹차, 블루베리 등은 색이 선명하고 화려하다. 이 식품들은 모두 색을 가진 컬러 푸드이며, 컬러 푸드는 눈길을 끌고 식욕을 돋우지만 그보다도 이들 색에 함유된 피토케미컬(phytochemical)이라는 생리적 활성을 지닌 성분이 체내에서 다양한 효능을 나타내어 암을 비롯한 만성질환 예방에 도움을 주거나 노화방지 등 인체의 손상을 최소화시켜 건강을 지켜 준다. 집에서 여러 가지 과채류를 키워 먹으면서 건강을 지켜 나가자.

1) 열매채소

-잘 가꾼 열매채소로 저녁상 반찬 하나 뚝딱!!

(1) 가지

♣ 특징

최근 식물의 색소가 발암물질의 생성을 막아주는 역할을 하며, 이러한 식품을 피토케미컬 푸드(phytochemical food)라고 하는데 가지도 여기에 속한다. 지방질을 잘 흡수하는 성질이 있어 혈중 콜레스테롤의 상승을 억제하고 항암작용을 한다. 여름채소답게 몸을 차갑게 해주고 진통, 이뇨효과도 있다.

♣ 키우기

5월이 모종심기에 적기이다. 첫 번째 꽃이 피면 꽃 바로 아래의 곁눈 2개만 남기고 나머지 곁눈은 모두 따준다. 이렇게 하면 가운데 꽃과 2개의 곁눈으로만 영양분이 공급되어 3개의 가지만이 튼튼하게 자란다.

그림 9-11 피토케미컬 푸드, 가지

(2) 고추

♣ 특징

고추의 매운맛은 캡사이신이라는 성분으로 씨가 달린 흰 부분에 많이 함유되어 있다. 식욕증진과 장내 살균효과가 있을 뿐만 아니라 체지방을 줄여 주어 비만의 예방 및 치료에 큰 효과가 있다. 카로틴의 함량이 높아서 항암효과도 보이며, 레몬에 버금가는 비타민 C를 함유하고 있다.

♣ 키우기

고추는 병충해가 쉽게 발생하기 때문에 농약을 많이 치는 작물 중에 하나이다. 따라서 시중에서 판매되는 고추를 사서 먹기보다는 직접 길러서 농약걱정을 뚝 떨쳐버리자. 봄에 모종을 구입하여 심으며, 주의해야 할 사항은 튼튼한 열매를 얻기 위해서는 양양분이 분산되지 않도록 곁눈을 따주어야 한다. 또한 첫 꽃이 피었는데 가지가 충실하지 못하다면 따주고 가지를 충실히 키운 다음에 꽃을 피게 하는 것이 좋다. 그래야만 주요 가지만 튼튼하게 자라서 열매가 풍성해진다. 모종을 심고 나서 2개월 후부터 고추가 열리기 시작하는데 풋고추부터 빨갛게 익은 고추까지 다양한 맛을 즐길 수 있다.

그림 9-12 비만예방에 좋은 고추

2) 과일채소(토마토, 딸기, 수박, 참외 등)

－손수 가꾼 과일채소로 피부미인 되세요!

(1) 방울토마토

♣ 특징

미니토마토라고도 불린다. 토마토에는 리코펜이라고 하는 항암작용을 하는 물질이 들어 있어 건강식품으로 손꼽힌다. 리코펜은 암을 일으키는 주성분인 활성산소의 산화를 막아주는데, 열에도 강해서 각종 소스나 스프로 다양하게 요리해서 먹어도 그 효과가 줄어들지 않는다. 또한 리코펜은 기름에 조리하면 흡수율이 더 높아진다. 일반 토마토보다 방울토마토의 영양이 더 우수하며, 단백질·칼슘·철분·비타민 등의 성분이 훨씬 더 많다.

그림 9-13 건강야채의 대명사, 토마토

♣ 키우기

5월이 모종심기에 가장 좋은 시기이다. 자랄수록 버팀목을 해주어야 하며, 곁눈을 따내서 튼실하게 자라게 해주는 것이 중요하다.

열매를 맺고 착색까지 보아야 하기 때문에 최대한 빛이 잘 드는 곳에서 키우는 것이 좋다. 여름 내내 계속해서 꽃이 피고 열매를 맺기 때문에 계속 맛있고 신선한 방울토마토를 맛볼 수 있다.

(2) 딸기

♣ 특징

딸기는 비타민 C가 풍부하게 들어 있고 여러 가지 호르몬을 조절하는 부신피질의 기능을 활발하게 하므로 체력증진에 효과가 있으며, 과일 비타민 C의 함량이 높아서 건강식품으로 인기가 매우 많다. 딸기의 영양 손실을 막기 위해서는 설탕을 첨가하지 않고 먹는 것이 좋으며, 꿀·우유·유산균음료 등과 함께 먹으면 더욱 좋다.

특히 딸기는 껍질이 없는 과일이기 때문에 시중에서 구입한 딸기의 섭취 시에는 잔류농약에 대한 걱정이 끊이지를 않는다. 집에서 키운 무농약 딸기로 비타민 C를 맘껏 섭취해 보자.

♣ 키우기

딸기는 씨앗을 뿌리기도 하며, 모종을 사다가 키우기도 한다. 또한 모주에서 런너라고 하는 자식포기가 생기는데, 이것으로 번식하면 더 많은 딸기를 얻을 수 있다. 노지에서 키우면 5월 중순에서 6월 초순이 수확 시기이지만, 하우스나 실내에서 키울 때에는 온도와 광도만 맞는다면 언제든 꽃이 피어서 열매가 달린다. 딸기는 습기를 좋아하고 건조에는 매우 약하므로 물을 자주 주어야 한다. 수확기에 온도가 높고 땅이 건조하면 수확량이 줄고 품질이 떨어진다.

그림 9-14 비타민 C가 풍부한 딸기

4... 뿌리채소

-몸속에서 나쁜 물질을 내보내자!!

뿌리채소는 거친 토양 안에서 땅속뿌리에 양분을 저장하게 되며, 이러한 식물에는 무·고구마·토란·당근·연근·우엉 등이 해당된다. 뿌리채소는 식이섬유가 풍부하고 칼로리는 낮으며, 비타민 A와 C를 많이 함유해 비만과 성인병 예방에 효과적이다. 건강에 좋은 뿌리채소를 집에서 키워서 식탁에 내놓아 보자.

(1) 당근

♣ 특징

주황색 채소인 당근은 카로틴 함유량이 높은 대표적인 녹황색채소이다. 당근을 많이 먹으면 카로틴에 의해서 피부의 노화를 방지해 주며, 항암효과도 볼 수 있다. 기름에 볶을수록 카로틴의 체내흡수율이 좋아진다.

♣ 키우기

화분에서 뿌리채소를 키우는 것이 그리 만만치 않다. 우선 분이 매우 깊어야 하고 그만큼 뿌리채소가 잘 자라기 위해서는 흙이 좋아야 하기 때문이다. 따라서 일반 당근보다 작은 미니당근의 경우에는 일반 당근에 비해서 크기가 작고 생육기간이 짧아서 화분에서도 가능하다. 7월 중순에 파종해서 9월 말이나 10월 중에 당근을 수확할 수 있다. 그러나 빛이 약하면 당근이 짧고 얇게 되므로 햇빛은 최대한 쏘여 주는 것이 좋다.

(2) 고구마

♣ 특징

고구마는 대표적인 알칼리성 식품으로 고구마에 많은 비타민 B_1은 체내 당분의 분해를 촉진시켜 피로를 빠르게 회복시켜 주며, 눈에 좋은 영양소인 카로틴도 함유하고 있어서 고구마를 꾸준히 먹으면 시력이 좋아지게 된다. 또한 고구마에는 섬유소가 많이 포함되어 있어 변비·비만·지방간·대장암 등을 예방하며, 콜레스테롤 수치를 낮추고 인슐린 분비를 줄여 고혈압·당뇨병 등의 성인병을 예방하는 데 탁월한 효과를 보인다.

♣ 키우기

고구마는 줄기를 잘라서 번식시켜도 되고, 줄기가 없다면 신선한 고구마의 눈이 있는 부위를 잘라서 화분에 심어도 새싹이 나온다. 보통 5월 초순에서 중순 정도쯤 화분에 심어 주면 된다. 고구마는 덩굴성 식물이기 때문에 어느 정도 키가 크면 지주를 세워 주는 것이 좋다. 운이 좋으면 꽃이 피는 것을 볼 수 있는데, 고구마가 메꽃과 식물이기 때문에 꽃의 모양이 나팔꽃과 비슷하게 생겼다. 대부분의 고구마는 10월쯤 수확하는 것이 좋으며, 생육조건 및 품종에 따라서 8월 말부터 10월 사이에 수확한다.

그림 9-15 성인병 예방 및 시력회복에 좋은 고구마

5 정원에서 손쉽게 키울 수 있는 과일나무는?

정원에 푸르름을 주면서 그늘을 만들어 주는 나무들은 정원을 구성하는 필수 요소이다. 새로 정원을 꾸미는 사람이나 정원을 다시 계획하는 사람이라면 정원에 심을 나무로 흔히 과일나무를 선호한다. 녹색의 싱그러움을 주는 나무도 필요하겠지만, 다양한 과일이 계절마다 열리게 정원을 계획한다면 열매가 열리는 과정을 보면서 달콤한 과일을 먹는 것을 기다리는 마음도 매우 행복한 느낌일 것이다.

과일나무의 꽃피는 시기

* 3월 : 매실
* 4월 : 자두, 살구, 앵두, 복숭아, 배
* 5월 : 사과, 감
* 6~7월 : 대추, 석류나무

1) 과일나무 선택 요령

가정에서 일반적으로 재배할 수 있는 과일나무는 병해충에 강한 품종이어야 한다. 일반적으로 대부분의 과일나무들이 병해충에 민감한 품종들이 많기 때문에 가정에서 모든 과일나무를 키울 수 있다고 생각하는 것은 오산이다. 대부분의 과수는 재배 중에 살충제와 살균제 등 농약을 수시로 살포해야 한다. 그러나 가정 내 정원에서 두세 그루 정도 심겨진 과일나무에 수시로 농약을 살포하기란 쉬운 일이 아니다. 따라서 가정의 정원에 심을 과수로는 무엇보다 병충해에 강하여 농약 없이 재배할 수 있는 종류를 선택하는 것이 중요하다.

과일나무 가운데서 가장 손쉽게 키울 수 있는 것이 감나무이다. 그밖에 대추·앵두·살구·석류·모과나무 등이 전통적으로 정원에 많이 심는 과수로서, 별로 손질하지 않아도 잘 자라는 편이다.

복숭아·배·사과·포도나무 등도 정원에 많이 심지만 진딧물 등의 해충이 잘 생기며, 정지 및 전정 등의 관리에 신경 써야 한다.

2) 가정 내 정원에 적합한 과일나무

정원에 과일나무를 재배할 때는 토질, 월동 관계, 정원의 면적을 고려해 과수의 종류를 선택한다. 과일나무는 대부분 햇빛을 좋아하므로 양지에 심어야 한다. 과일나무의 묘목은 11월 중순에서 3월 중순에 심는 것이 적기이다.

(1) 매실나무(매화)

가정의 정원에 심기에 적합한 과일나무로는 매실나무가 최고로 꼽힌다. 일찍 꽃이 피어 봄소식을 전하며 향기도 무척 좋아 꽃나무만으로도 매화나무는 정원에 봄을 알려주는 전령사이다. 또한 농약을 전혀 치지 않고도 매실을 수확하므로 관리가 쉬운 장점이 있다.

수확한 매실은 잼, 엑기스, 술담그기, 우메보시(매실장아찌) 등 여러 용도로 이용할 수 있다.

(2) 살구나무

꽃은 4월쯤 피며, 벚꽃과 흡사한 모양을 띤다. 매실나무와 비슷하게 병해충에도 강한 장점을 가지지만, 아쉽게도 꽃의 수명이 짧으며 과일의 이용도가 떨어지는 단점이 있다.

(3) 감나무

단감의 경우에는 병해충에 매우 민감하기 때문에 가정용 정원수로는 적합하지 않다. 반시가 병해에 강하므로 가정용 정원수로는 반시를 심는 것이 좋다. 감은 낙과로 주변이 지저분해질 수 있으므로 집에서 약간 떨어진 곳에 심는 게 좋다.

(4) 석류나무

석류는 예부터 다산과 풍요를 상징하는 나무로 가정 내 정원에서 빠지지 않는 나무지만, 추위에 약한 것이 단점이다. 최근에는 내한성이 있는 품종도 개발되어 보급되고 있으므로, 중부 지방에 식재하려면 반드시 내한성 품종을 확인하여 심어야 한다.

(5) 모과나무

모과는 식용하지는 못하지만, 술을 담그거나 차를 만들어서 약용으로 사용하며, 차로 마실 경우 기침을 멎게 하는 특효가 있다. 열매뿐만 아니라 봄에 피는 연분홍 꽃은 향기도 은은하여 좋다.

(6) 앵두

빨간 열매가 매우 인상적이지만, 열매는 매우 시어서 가공을 한 후에만 식용이 가능하다. 꽃과 열매가 매우 아름다운 조경수로서, 키가 그리 크지 않기 때문에 좁은 정원에서도 키울 수 있다. 가장 큰 장점은 병충해가 거의 없기 때문에 농약걱정 없이 키울 수 있다는 점이다.

(7) 벚나무

열매보다는 꽃의 아름다움 때문에 많이 찾는 과일나무이다. 특히 꽃이 질 때는 눈이 오는 광경을 연상케 하기 때문에 색다른 분위기를 연출할 수 있는 장점을 가진다. 열매가 작아 과일로서의 가치는 크지 않지만 맛이 달고 좋아 가정용 과수로 적당하다.

10장

놀라운 식물세계의 신비

1 식물도 운동을 한다

우리들 눈에는 식물이 정지해 있는 것처럼 보이지만 식물은 매일 많은 운동을 하고 있다. 식물의 움직임은 현미경으로만 볼 수 있거나 또는 너무 느려서 볼 수 없기 때문에 사람들은 식물이 움직이지 못한다고 단정한다. 그러나 세심하게 살펴보면 식물의 움직임을 잘 깨닫게 될 것이다. 식물이 움직이는 이유는 생명을 유지하기 위한 몸부림이다.

1) 현미경으로 볼 수 있는 움직임 또는 느려서 못 느끼는 움직임들

식물의 증산작용에 영향을 미치는 운동이 기공의 열림과 닫힘 과정이다. 이 과정은 해가 비치면 기공을 열었다가, 밤이 되면 기공을 닫는 과정을 반복하며, 식물의 수분 스트레스 환경에 따라서도 닫힘과 열림을 반복한다.

또한 어린잎이나 줄기의 경우에는 세포의 분열이나 생장 속도가 매우 빠르기 때문에 자세히 살펴보면 느리지만 식물의 변화되는 모습을 알아차릴 수 있다. 꽃잎이 피는 과정 역시 우리 눈에 가장 경이로운 순간이며, 하루하루 꽃의 크기가 달라져 있는 것을 볼 수 있다. 그 움직임을 확인할 수는 없지만, 실내에서 식물의 움직임을 가장 잘 알 수 있는 것이 굴광성이며, 모든 식물은 햇빛이 많이 드는 창가 쪽으로 몸의 중심을 움직이게 된다. 이는 광합성을 최대한 많이 하기 위한 식물의 본능이라고 할 수 있다.

그림 10-1 굴광성으로 굽어진 식물

식물은 왜 햇빛을 향해 자라는 걸까?

빛을 많이 받아서 광합성을 많이 하기 위한 식물의 본능이다. 좀더 깊이 들어가 본다면 옥신이라는 호르몬에 의해서 굴광성이 나타난다. 옥신은 정단에서 생성되어 아래쪽으로 이동이 되는데, 편광일 경우 햇빛이 비치는 반대편으로 이동하며, 반대편에서 이동된 옥신은 세포분열을 촉진하는 역할을 한다. 그래서 햇빛이 비치는 반대편의 생육이 촉진되며, 햇빛 쪽으로 굽어지는 현상이 발생하게 된다(그림 10-2).

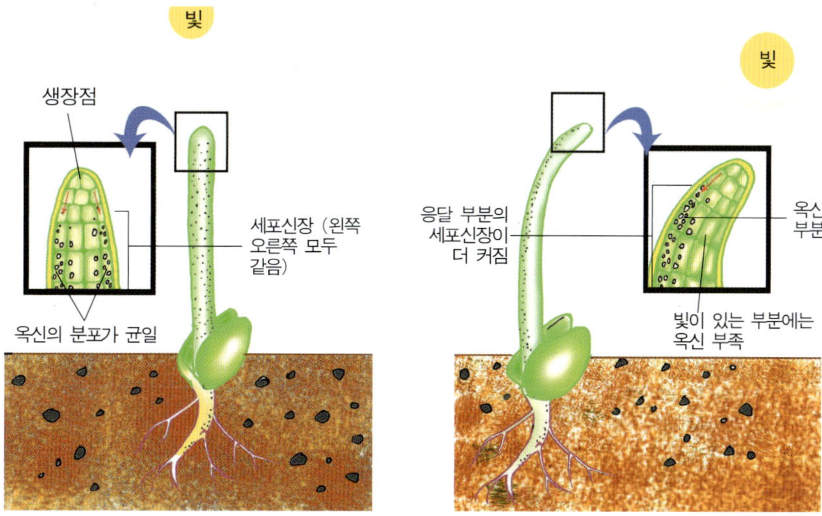

(a) 균일한 광　　(b) 측광

그림 10-2 굴광성에 옥신이 미치는 영향

2) 잎이 시간에 따라 움직인다!!!

식물은 몸속에 시계를 가지고 있어서 밤과 낮에 따라서 반응을 하게 된다. 대표적인 반응으로 기공이 열리고 닫히는 과정이며, 낮에는 대부분의 기공이 열려 있게 되지만, 해가 지고 밤이 되면 기공을 서서히 닫거나 그 크기가 작아진다. 우리 눈에는 보이지 않지만, 밤낮의 기공이 열렸다 닫혔다 하면서 식물체 내의 물질과 외부환경과의 교류가 일어나게 된다.

기공의 변화 이외에도 시간의 변화에 따라서 우리 눈에 보일 정도로 움직임이 심한 식물들이 있다. 미모사, 칼라데아, 사랑초 등은 낮에는 잎을 최대한 펼쳤다가 저녁이 되면서 잎을 닫는 현상을 보인다. 이 현상의 근본적인 원인은 낮에는 잎을 최대한 펼쳐서 광합성을 많이 하고, 밤에는 최대한 엽면적을 최소화하여 에너지 효율을 극대화하기 위해서라고 볼 수 있다.

그림 10-3 꽃과 잎 모두 시간에 따라 반응하는 사랑초

미모사(*Mimosa*)의 경우는 밤에 잎이 움츠러드는 현상이 있을 뿐만 아니라 촉각에 의해서도 잎과 줄기가 움츠러드는 반응도 보인다. 자귀나무는 미모사와 그 형태가 비슷하여 사람들이 혼동하는 경우가 많으며 밤과 낮에 반응하는 것은

그림 10-4 밤과 낮에 반응하며, 촉각에 의해서도 반응하는 미모사

미모사와 같으나, 촉각에 의해서는 반응하지 않는다. 칼라데아(*Calathea*)도 낮에는 잎의 각도가 넓어서 펴진 상태로 있지만, 밤이 되면 잎이 줄기 근처로 서면서 각도가 좁아진다. 사랑초(*Oxalis*)의 경우에는 꽃과 잎이 모두 햇빛에 반응하는 식물로서, 꽃이 먼저 오므라들고 그 다음 잎이 오므라드는 순서를 가진다.

3) 동물처럼 빠른 움직임을 보이는 식물

그림 10-5 밤과 낮에 반응하는 자귀나무(낮)

앞서 설명한 식물들의 반응은 천천히 일어나는 반응들이지만, 건드리거나 소리에 의하여 빠른 반응을 보이는 식물들이 있다. 미모사나 파리지옥 등은 촉각에 매우 잘 반응하는 식물로서 인기가 꾸준한 식물들이다. 미모사(그림 10-4)는 잎자루 아래쪽에 존재하는 엽침 내의 수분이 밖으로 배출되면서 잎이 오므라들고, 다시 엽침 내로 수분이 들어오게 되면 잎이 펴지는 특성을 가지게 된다. 외부의 물리적 자극에 의해서 신호전달이 이루어지며, 이러한 신호에 의해서 수분의 방출이 이루어진다.

파리지옥은 잎 안쪽에 존재하는 3개의 감각모가 센서 역할을 하게 된다. 감각모에 의해서 반응이 전달되면 두 잎이 서서히 닫히면서 안쪽으로 오므라들면서 물체를 갇히게 한다. 감각모는 안쪽의 물체가 움직이면 잎이 오므라드는 힘이 더 강해지고 안의 물체의 움직임이 없으면 잎이 다시 벌어지게 된다.

무초(舞草, dancing tree, *Codariocalyx motorius*)는 소리에 반응하는 식물로서, 큰 잎은 소리에 대한 반응이 없는데 반해, 작은 잎들이 노래에 반응하여 움직임을 보인다.

2. 식충식물

곤충을 잡아서 소화액으로 소화시켜 영양분으로 섭취하는 식물을 식충식물이라고 한다. 파리지옥, 네펜데스(벌레잡이통풀), 끈끈이주걱, 사라세니아, 코브라풀(달링토니아), 벌레잡이제비꽃 등이 여기에 속한다.

1) 식충식물은 어떻게 생겨났을까?

식충식물들은 그 원산지가 열대우림의 늪지대이며, 대부분 키가 작기 때문에 키가 큰 식물들과 광합성을 위한 경쟁에서 이길 수 없었다. 또한 식충식물은 습지나 늪지대의 이탄층에서 자라기 때문에 천연비료가 부족하여 주어진 환경에서 영양분을 보충하고자 작은 곤충을 잡아먹는 능력이 발달하기 시작하였다.

2) 벌레잡이 식물의 종류

(1) 통형 벌레잡이 식물

– 네펜데스, 사라세니아, 코브라풀(달링토니아)

① 네펜데스(벌레잡이통풀)

항아리 모양의 벌레잡이 통이 잎 끝에 매달려 있는 형태로, 이 통 안에 소화액이 고여서 먹이를 녹인다. 벌레잡이 통의 안쪽은 매우 미끄러워서 한번 빠지면 나올 수 없으며, 또한 입구 쪽에는 들어간 벌레가 다시 나오지 못하도록 입구 안쪽에 가시가 돋아나 있다.

그림 10-6
통형 벌레잡이 식물, 네펜데스

② 사라세니아

이 식물 역시 통 속에 소화액이 있어서 통에 빠지면 빠져나오지 못한다. 네펜데스와 비슷한 역할이지만, 구조학적으로 조금 차이를 보인다. 네펜데스는 잎의 끝에 통이 매달려 있는 형태이지만, 사라세니아는 잎 자체가 통 모양을 하고 있는 형태이다.

사라세니아

코브라풀(달링토니아)

그림 10-7 통형 벌레잡이 식물

사라세니아의 입구엔 꿀샘이 여러 개 있어 곤충을 유인하며, 유인되어 들어온 곤충은 줄기의 안쪽은 길고 좁은 데다 매우 미끄러워서 한번 떨어지면 꼼짝없이 갇히게 된다.

또한 위쪽에는 빠진 곤충이 도망갈 수 없도록 비행 방지 뚜껑이 달려 있어 날아가던 곤충이 다시 빠지게 된다.

③ 코브라풀(달링토니아)

사라세니아와 비슷한 방법으로 동물을 포획하며, 곤충이 들어오는 입구에서 벌레잡이 잎·줄기까지 S자 모양으로 휘어져 한번 들어오면 빠져나가기 어렵게 된다. 또한 코브라 머리 쪽에는 노란색·빨간색 점들이 있어서 곤충들의 시선을 주목시키는 역할을 하며, 파리나 벌들이 이러한 색들을 좋아하여 끌려 들어오게 된다.

코브라풀 잎 안쪽에는 아래쪽을 향해 거꾸로 난 짧은 털들이 촘촘히 있어서 올라오기가 어려운 구조를 하고 있어서 다른 벌레잡이풀보다 벌레잡기에 수월한 진화된 형태를 하고 있다.

(2) 끈끈이형 벌레잡이 식물

① 긴잎끈끈이주걱

우리나라에서도 많이 재배하고 있는 식물이며, 다양한 품종이 시판되고 있다. 끈끈한 액체는 달콤한 향기를 내뿜으면서 곤충들을 유혹하게 되며, 곤충이 유혹에 넘어가서 붙게 되면 벗어날 수 없을 정도가 점도가 강하다. 곤충이 벗어나려고 몸부림칠수록 액체가 더욱 심하게 엉겨 붙게 되며, 곤충들이 포획되었다는 느낌이 들면 털들이 오므라들며 사냥감을 감싸기 시작한다. 끈끈이 역시 움직임이 있는 곤충이 붙었을 경우에만 잎이 오므라들며, 바람에 의한 먼지나 이물질이 붙었을 경우에는 반응이 없다. 끈끈한 액체는 처음에는 곤충을 유인하고 포획하는 것이 그 역할이었으나, 털이 오므라들면서부터는 소화액을 분비하기 시작하며, 곤충의 몸을 소화시켜 영양분으로 섭취한다. 끈끈이주걱의 종류로는 끈끈이귀개, 아프리카긴잎끈끈이주걱, 긴잎끈끈이주걱, 실잎끈끈이주걱 등이 있다.

그림 10-8 긴잎끈끈이주걱

② 벌레잡이제비꽃

형태적으로 위에서 설명한 끈끈이주걱과는 다르지만, 잎에서 끈끈이 액을 분비하여 곤충을 포획하는 원리는 같다. 모기나 작은 곤충이 많은 계절인 여름에는 잎에 검은 곤충들이 앉아서 죽은 것들을 쉽게 볼 수 있다.

(3) 트랩(trap)형 벌레잡이 식물

파리지옥이 가장 대표적인 트랩형 벌레잡이 식물의 종류이다. 잎의 끝에는 가시 같은 것이 있어 잎이 닫혔을 때, 벌레들이 빠져나가지 못하게 하는 철창의 역할을 한다. 가시 근처에는 분비샘이 있어서 꿀 냄새를 풍기면서 곤충을 유인한다. 잎의 안쪽에는 감각모가 3가닥씩 있어서 곤충의 움직임을 느끼는 센서 역할을 담당한다. 감각모에 곤충의 움직임이 느껴지면 0.3초 만에 잎이 닫혀 버린다. 처음에는 살짝 잎이 닫히지만, 곤충이 살고자 발버둥칠수록 감각모를 더욱 자극하여 조이는 힘이 더욱 강해지면서 소화액이 분비되기 시작한다.

그러나 잡힌 포획물이 생물이 아닌 무생물일 경우에는, 예를 들어 물방울이나 바람에 의한 먼지 등일 경우에는 잎을 열어서 그 다음 먹잇감을 기다린다.

그림 10-9 파리지옥

3 식물들도 살기 위해 싸운다

동물들의 싸움에 견줄 수는 없으나 식물들도 서로간의 영역 싸움을 하기 위해서 결투를 한다. 가장 대표적인 것이 광합성에 필요한 빛을 많이 받기 위해서 옆의 식물들과 대결을 하는 것이다. 또한 땅속에서도 수분을 빨아들이기 위한 뿌리털을 뻗기 위해서 무한한 경쟁을 하고 있다. 동물들이 자신의 영역을 표시하기 위해서 소변을 표시해 놓듯이 식물 역시 자신의 분비물을 뿜어내면서 영역표시를 해둔다.

1) 빛의 결투

숲의 나무들은 도시에 있는 나무들보다 환경이 더 좋기 때문에 두꺼운 줄기를 가졌을 것이라고 생각한다. 그러나 실제로 측정해 보면 숲속의 나무는 도시 내의 나무와 비교하여 키가 큰 반면 줄기가 가는 것을 볼 수 있다. 도시 내 나무가 두껍고 작은 이유는 빛을 가지고 경쟁할 상대가 없어서 위로 향해 자랄 필요성이 없기 때문이다. 그러나 숲속의 나무들은 옆의 나무와 빛을 가지고 경쟁을 하기 때문에 부피생장보다는 길이생장이 더 많이 일어난 것이다. 우리가 보기에는 평화로운 숲에 나무들이 정렬되어 있다고 생각하지만, 사실은 숲속의 나무들은 생존에 필요한 귀중한 빛 에너지를 모으기 위해서 먼저 잎을 위로 치켜 올리려고 치열한 경쟁을 하는 것이다.

그러나 이론적으로 파헤쳐 들어가면 식물이 그룹으로 있을 때 키가 더 커지는 이유를 분석할 수 있다. 그 이유는 식물체 내에 존재하는 피토크롬(phytochrome)이라는 색소단백질 때문이다. 피토크롬은 그늘이 생기면 식물체의 크기를 증가시키는 역할을 하며, 직사광선에서는 식물체의 크기가 웃자라는 것을 막는 역할을 한다. 따라서 나무나 식물이 빽빽하게 심겨져 있을 경우에는 아래쪽에 그늘이 많이 생기기 때문에 햇빛을 골고루 받는 식물에 비해서 키가 크게 자라는 것이다.

2) 땅속에서의 결투

물이 많은 곳에서는 그렇지 않지만, 물이 적은 곳에서는 물을 최대한 빨아들이기 위해 식물들 간에 경쟁이 일어난다. 건조한 땅에서는 뿌리털을 많이 뻗어서 도처에 뿌리를 내리고 있어서 물을 많이 확보할 수 있는 조건을 만든다. 따라서 식물이 밀식되어 있는 곳을 파보면 서로의 뿌리들이 얼기설기 얽혀 있는 것을 종종 보게 된다. 식물들은 최대한 아래쪽으로 또는 옆으로 뿌리털을 뻗어가면서 1, 2등을 다투게 된다.

단풍나무의 경우에는 씨앗이 바로 아래 떨어져서 싹이 났다고 하더라도 다른 곳에서 자란 싹에 비해서 잘 자라지 못한다. 자식 단풍나무는 어미 나무에 치어서 더 이상 크게 자라지 못한다. 큰 나무의 뿌리에서 화학물질을 뿜어내어 그 근처에 다른 식물이 자라지 못하게 하는 것이다. 만약에 어미 나무를 베어버리면 그 아래쪽에 있던 자식 단풍나무들은 어느새 확 자라 커진다. 소나무 역시 토양의 뿌리에서 갈로타닌(gallotannin)이라는 화학물질을 뿜어내어 이 근처에는 다른 나무나 풀이 자라지 못한다. 이처럼 식물의 뿌리와 잎·줄기에서 나름대로 다른 종(種)에 해로운 생장억제 물질을 분비하니 이것을 타감작용(他感作用), 영어로는 알레로패시(allelopathy)라 한다. 동물과 마찬가지로 식물 역시 자신의 생존을 위해서는 다른 나무와 싸우는 것은 물론이고 어미 자식 간에도 영역 다툼이 끊임없이 일어나고 있다.

11장

꽃구경과 단풍구경을 떠나 보자

1 빛과 꽃색과의 관계
-잎은 왜 녹색으로 보일까?

태양광이나 인공광이 꽃잎 조직에 닿으면서 일부는 반사되고 일부는 광합성이나 생육에 필요한 부분을 에너지로 사용한 후 나머지는 투광되기 때문이며, 우리의 눈에 보이는 꽃색은 식물마다 가지고 있는 식물색소(엽록소, 안토시아닌, 플라본, 카로티노이드 등)의 종류에 따라 파장을 흡수 또는 반사하는 정도가 다르기 때문에 식물 자신의 고유의 색을 지니게 된다.

특히, 잎이 초록색으로 보이는 이유는 태양의 가시광선 중 잎의 엽록소에서 초록색과 노란색은 반사하고 붉은색과 푸른색의 파장대를 가장 많이 흡수하기 때문이다.

엽록소에 의해서 흡수된 붉은색과 푸른색의 파장대는 광합성에 필요한 에너지이며, 따라서 다른 부위에 비해 엽록소가 많이 분포된 잎에서 광합성 효율이 높으며, 엽록소의 양이 많아 무늬가 있는 잎보다 진한 초록색을 띠고 있는 잎에서 광합성을 많이 하게 된다(그림 11-1).

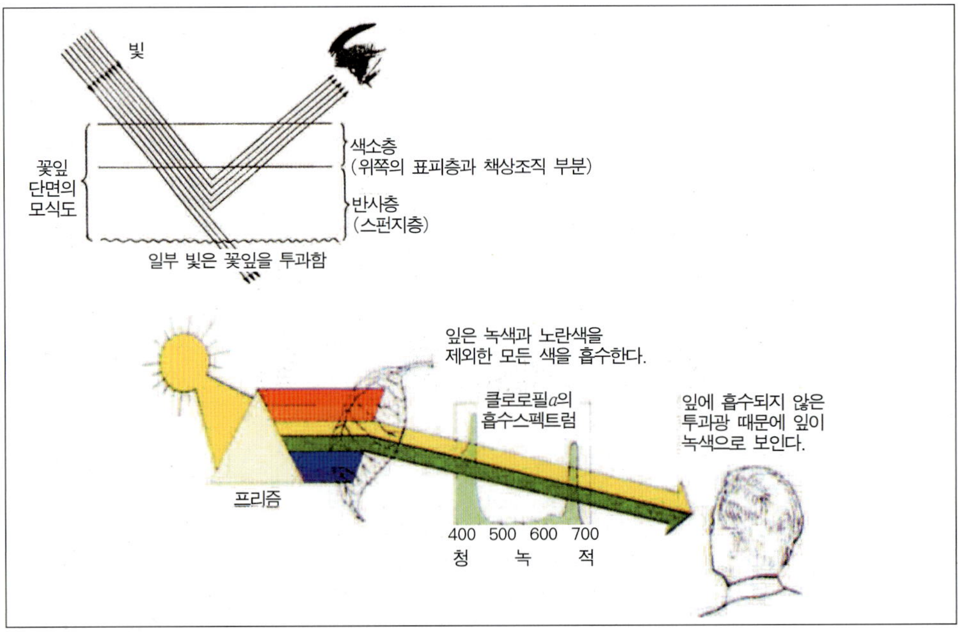

그림 11-1 우리 눈에 보이는 식물의 색과 꽃 조직의 구조

꽃색은 광원(빛의 근원)에 따라 우리 눈에 다르게 보인다(그림 11-2). 왜냐하면 광원에 따라서 나오는 파장대와 그 세기의 정도가 다르기 때문이다. 같은 장미라 할지라도 노랑색과 붉은색 파장대가 많이 나오고 열을 발생하는 할로겐등과 백열등 아래에서는 빨간 장미꽃이 주황색에 가깝게 보이기도 한다. 반면에 붉은색이 적은 형광등 아래에서는 장미꽃이 차갑게 느껴지고 푸르스름하거나 보라색에 가깝게 보일 수 있다.

그림 11-2 광원에 따른 장미의 꽃색
[출처: 손기철(2000), 꽃색의 신비, 건국대학교출판부]

그렇다면 곤충도 인간과 같은 색으로 꽃이 보일까? 놀랍게도 적색과 흑색을 구별할 수는 없는 대신 인간이 볼 수 없는 자외선을 색으로 느낄 수 있는 것으로 밝혀졌다(그림 11-3).

꿀벌의 경우 보라색과 자외선 주변은 쉽게 구별하지만 녹색주위의 비슷한 색들은 잘 구별하지 못하며, 곤충들은 인간처럼 명도에 대한 인식능력이 없기 때문에 명도차이에 따른 물체와 배경의 차이를 구별하기 힘들다. 특히, 꽃잎 중심부의 꿀샘이 있는 곳은 조직밀도가 높아 반사되는 자외선을 곤충이 멀리서도 볼 수 있도록 만들어져 있다. 자연의 섭리는 정말 오묘하다고 할 수 있다.

그림 11-3
인간과 꿀벌의 시야 비교
[출처: 손기철(2000), 꽃색의 신비, 건국대학교출판부]

2. 식물색소(Pigment)의 종류

(1) **클로로필(Chlorophyll) : 녹색(엽록소)**

고등식물에서 조류에 이르기까지 넓게 분포되어 있는 녹색 색소로 광합성을 하는데 없어서는 안 되는 색소이다. 물에 녹지 않으며 엽록체라는 소기관에 존재한다.

(2) **카로티노이드(Carotenoids) : 노란색의 주역**

등황색의 카로티노이드는 당근의 뿌리에서 처음으로 발견되었으며, 주로 노란색에서 주황색·다홍색 등을 나타내는데 적색을 나타내는 경우도 있다. 물에 녹기 어려우며 세포 내에 잡색체(chromoplastid)라 불리는 작은 과립 속에 들어 있다. 녹색식물의 잎 속에는 엽록체와 카로티노이드가 반드시 들어 있으며, 수선화, 튤립, 프리지아, 거베라, 백합, 개나리, 금잔화, 장미, 노란팬지에서 노란색을 주를 이루며, 그 외에도 당근, 토마토, 수박, 고추 등 뿌리와 과실에도 들어 있다.

(3) **플라보노이드[안토시아닌(Anthocyanin) 포함]**

흰색부터 황색, 황, 등적, 청색에 이르기까지 대부분의 색을 나타내는 색소이다. 그리스어로 황색을 의미하는 플라부스(flavus)에서 유래된 말로, 플라본(flavone)을 기본 구조로 갖는 식물색소를 일컫는다. 비타민 P(투과성 비타민) 또는 비타민 C2(비타민 C의 상승제)라고도 한다. 꽃뿐만 아니라 딸기, 사과, 포도, 가지, 등 열매 · 줄기 등에 많이 들어 있다. 특히 건조된 녹차 잎의 경우 플라보노이드가 녹차 잎 무게의 30% 정도 함유되어 있는 것으로 알려져 있다.

예로부터 염료 및 식용색소로 이용되었다. 항균·항암·항바이러스·항알레르기 효능을 지니며, 독성은 거의 나타나지 않는 것으로 보고되고 있다. 또한 모든 질병의 원인이 되는 생체 내 산화작용을 억제한다는 사실이 알려지면서 신물질의 개발 및 활용에 관한 관심이 커지고 있다. 금어초, 제라늄, 페튜니아, 델피니움, 코스모스, 산철쭉, 수레국화 등에 많이 포함되어 있다.

(4) 베타레인(Betalains) : 일부 식물에 들어 있는 색소

노란색, 적색에서 보라색을 내는 색소로 안토시아닌과 비슷한 성질을 가지고 있다. 근대, 순무와 같이 진한 적색을 띤 채소에 많이 들어 있으며 단맛이 나고 영양가도 높아 유럽에서는 귀한 채소로 여겼다. 붉은색이 나오는 채송화와 선인장, 부겐빌리아, 맨드라미 등에 많이 들어 있다.

백합 스타티스 아네모네

아마릴리스 칼라 국화(소국)

그림 11-4 식물색소의 종류와 함유량에 따라 보여지는 다양한 꽃색

그림 11-5

수국의 다양한 꽃색

안토시아닌이 많은 수국은 실제로 꽃받침이 꽃처럼 보이는 것(악편)으로 여러 색을 함께 가지고 있어 "7색 꽃"으로 불린다(그림 11-5).

수국을 길러 본 사람이면 한 화분에 여러 색의 꽃이 피거나 심은 장소에 따라 같은 종류라도 적색 꽃이 많거나 반대로 청색 꽃이 많을 때가 있을 것이다. 어떤 경우는 해마다 꽃색이 다르게 피어 '왜 그럴까?' 하고 생각해 본 적이 있을 것이다.

수국의 다양한 꽃색 변화 원인을 연구한 결과 수국의 청색은 알루미늄과 보색소(유기산)가 작용하는 것으로 밝혀졌으며, 특히 알루미늄은 산성 토양에 잘 녹는 성질을 가지고 있기 때문에 뿌리에서 흡수되는 양이 많으면 청색 꽃이 피게 된다. 반면에 알칼리성 토양에서는 알루미늄이 물에 녹기 어렵기 때문에 흡수가 잘 되지 않아 적색 꽃을 피우게 된다. 중간 정도에서는 보라색 꽃을 피운다.

가을철에 단풍이 드는 이유는?

가을이 되거나 계절이 바뀌면서 식물체 잎이 가지고 있던 엽록소의 양이 점점 줄어들고 식물체 본래의 색소(카로티노이드)가 나타나게 되면서 단풍이 들게 된다.

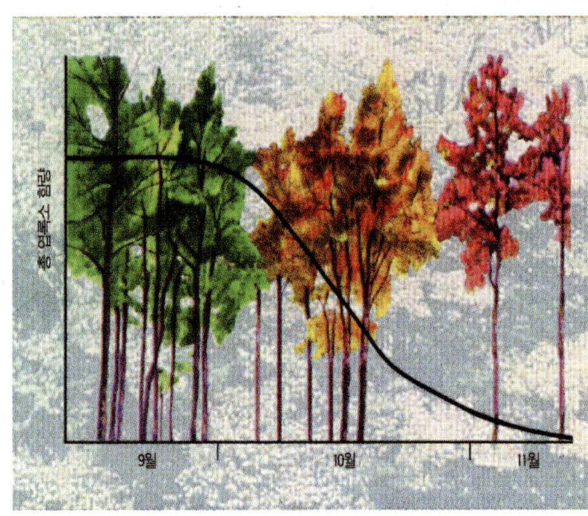

꽃색을 더욱 아름답게 감상하려면 어떻게?

* 밤의 온도가 약간 낮아야 꽃색이 진해지고 특히, 꽃잎의 표면구조가 치밀해진다.
* 낮에 햇빛을 많이 받을수록 진해진다.
* 인산 비료가 꽃색에 중요한 영향을 준다.
* 수분이 꽃잎에 직접 닿지 않게 관리해 준다.

3 꽃구경 어디로 가야 좋은가?
-봄에는 꽃구경, 가을에는 단풍구경(식물원, 수목원, 도시공원)

우리 주변에 가까이 있는 도시공원과 식물원, 수목원, 생태공원, 꽃박람회를 가보면 아름다운 조경과 다양한 문화까지 체험할 수 있으며, 주말농장을 이용하면 관광을 즐기면서 직접 식물을 기르고 수확하는 체험도 할 수 있다.

1) 계절별 식물 테마 축제

(1) 벚꽃축제

♣ 진해 군항제 벚꽃축제

- 기간: 매년 3월 말~4월 초순
- 장소: 경남 진해시 여좌천, 해군사관학교 일대
- 행사 내용: 진해 군항제는 우리나라 최초로 충무공 이순신 장군의 동상을 북원로터리에 세우고 추모제를 거행하여 온 것이 계기가 되었다. 아름다운 벚꽃과 함께 충무공의 숭고한 구국의 얼을 추모하고 문화예술행사, 관람행사, 팔도풍물시장 등을 즐길 수 있는 봄축제로 해마다 200만 명 이상의 국내외 관광객이 찾는 전국 규모의 축제이다.

♣ 한강 여의도 벚꽃축제

- 기간: 매년 4월 초순~4월 중순
- 장소: 서울 영등포구 여의도 남단 특설무대를 중심으로 서강대교 일대
- 행사 내용: 여의도 주변의 왕벚나무 1,641주를 비롯해 진달래, 개나리, 철쭉, 조팝나무 등 넓게 트인 한강을

배경으로 봄의 향연이 펼쳐진다. 대중교통을 이용해 편리하게 축제를 즐길 수 있으며, 야간에는 특수 경관조명이 벚꽃을 비춰 아름다운 밤의 운치를 선사한다.

- 교통 : 여의나루역(1~3번 출구) 도보 20분

그 외, 서울 남산, 인천대공원, 충청북도 제천 청풍호 등 전국 각지에서 벚꽃축제를 한다.

(2) 튤립 · 장미축제

♣ 용인 에버랜드 플라워카니발

- 기간 : 매년 3~4월은 튤립축제, 5~6월은 장미축제를 한다.
- 장소 : 경기도 용인시 에버랜드 일원
- 행사 내용 : 튤립, 장미 외에도 각종 봄꽃들을 전시하며 놀이공원을 함께 즐길 수 있다.

♣ 수원천 튤립축제

- 기간 : 매년 4월 초순~중순
- 장소 : 경기도 수원시 세류대교에서 서천교 3.2km 구간
- 행사 내용 : 산책로 주변으로 튤립 외에도 각종 봄꽃들을 전시하며, 특설무대에서 문화행사와 곤충체험, 테마화단만들기 체험 등을 할 수 있다.

그 외 경상남도 남해, 전라남도 신안군 등에서 튤립축제가 열린다.

(3) 유채꽃 축제

♣ 제주 유채꽃 잔치

- 기간 : 매년 3월 하순
- 장소 : 제주도 서귀포시 중문관광단지 일대
- 행사 내용 : 건강걷기대회, 먹을거리 체험행사 등 봄이 오면 제주도 전역을 노랗게 물들이는 유채꽃은 봄소식을 알리고 보는 이마다 감탄사를 유발할 만큼 장관을 이룬다.

그 외 매년 4월에 개최하는 경상남도 창녕군 낙동강 유채꽃축제, 강원도 삼척시 근덕면 상맹방리 일대에 맹방유채축제, 경기도 구리 한강 유채꽃축제 등이 유명하다.

(4) 철쭉축제

♣ 소백산 철쭉축제

- 기간 : 매년 5월 중순~5월 하순
- 장소 : 충북 단양군 소백산 연화봉 일원
- 행사 내용 : 테마공연, · 철쭉요정선발대회 등을 하며 등산과 함께 산의 경치를 감상할 수 있다.

그 외 강원도 태백산 철쭉제, 경상남도 합천군 황매산 철쭉제, 경상남도 의령군 한우산 철쭉제 등이 있다.

2) 꽃박람회

♣ 고양시 국제꽃박람회 http://www.flower.or.kr

- 기간 : 매년 4월 하순~5월 초순에 열린다.
- 장소 : 경기도 고양시 일산 호수공원 일대와 고양 꽃전시실

▪ 행사 내용 : 고양시 화훼농가와 꽃, 조경 관련 100여 업체가 작품·상품 박람회를 연다. 해외의 10개 나라에서도 공식참가하며 해외에서 식물 관련 업체들과 꽃장식 경진대회, 생활조경, 난 전시, 희귀식물 전시 등의 행사를 통해 다양한 볼거리를 제공한다.

3) 단풍구경

내장산 단풍축제

- 기간 : 매년 10월 하순~11월 초순
- 장소 : 전라북도 정읍 내장산 일원
- 행사 내용 : 내장산 국립공원에서 열리는 행사로 등산과 가을의 정취와 축제를 즐길 수 있다. 사랑단풍 엽서보내기, 단풍책갈피 만들기, 정읍사 전통민속경연대회, 미술전시회, 무형문화재 발표회 등 연인 · 가족과 함께할 수 있는 다채로운 공연과 축제를 구경할 수 있다.

그 외 북한산 · 관악산 · 용문산 · 오대산 · 지리산 · 설악산 등 각 시도별 국립공원 등지에서 10월 중순부터 가을의 단풍을 감상할 수 있으며, 10월 하순경에 절정을 이룬다.

4) 가볼 만한 국내 유명 식물원 및 공원

식물원 · 수목원 · 생태공원 등은 자연의 소중함을 배우고 생명의 신비를 느끼며, 직접 현장에서 꽃의 색을 확인하고, 잎의 구조도 비교해 보고, 열매의 모양을 관찰하고, 수종별로 코르크층이 발달한 나무의 껍질을 측정해 볼 수 있고, 풀이나 나무 이름의 유래를 들을 수 있는 곳이다.

또한 환경보존단체 회원들은 멸종 희귀식물을 직접 확인하고, 공해에 강한 생물의 생태계를 익히고, 유전자 보존을 위한 종자은행을 점검할 수 있도록 종합적인 정보를 줄 수 있으며, 휴식과 교육 등 다양한 활동을 할 수 있는 곳이다.

그림 11-7 과천 서울대공원 식물원

그림 11-8 서울숲 공원과 식물원

그림 11-9 세계 3대 식물원에 꼽히는 독일의 베를린대학 식물원

식물원(Botanic Garden or Botanical Garden)

인간에게 경제적·원예적 또는 심리적으로 가치 있는 여러 가지 종류의 교목, 관목, 또는 특정 지역에서 잘 생육할 수 있는 식물을 재배하고, 체계적으로 전시하며, 유지 관리하며 적절한 분류와 연구 목적으로 조성해 놓은 공간을 말한다.

식물군의 유연관계를 보여주기 위해 살아 있는 식물들을 광범위하게 채집해 놓은 곳이며, 채집한 지역과 일반명, 학명을 표기해 놓는다. 한 국가의 주요 문화자원으로서 특히 도시인들에게는 자연환경을 제공해 주는 역할뿐만 아니라 휴식처가 되며 새로운 관심거리와 문화생활을 함께 즐길 수 있는 곳이다.

표 11-1 국내 유명 식물원 및 도시공원

명 칭	소재지 주소	전화번호 및 홈페이지
서울대공원식물원	경기도 과천시 막계동	02) 500-7354 http://grandpark.seoul.go.kr
인천대공원식물원	인천직할시 남동구 장수동	032) 465-0910 http://incheon.go.kr/grandpark
어린이대공원식물원	서울특별시 광진구 능동	02) 450-9311 http://www.sisul.or.kr/sub05
서울숲공원 식물원	서울특별시 성동구 성수동 1가 685번지	02) 460-2912 http://parks.seoul.go.kr/seoulforest
한택식물원	경기도 용인시 백암면 옥산리	031) 333-3558 http://www.hantaek.co.kr
지피식물원	경기도 고양시 덕양구 대지동	031) 963-9825 http://www.gpground.com
충남금강수목원	충청남도 공주시 반포면 도남리 산21-1 (산림환경연구소 내)	041) 850-2661 http://www.koreaplants.go.kr/arboretum/keumkang/main.html
기청산식물원	경상북도 포항 북구 청하면 덕성리	054) 232-4129 http://www.key-chungsan.co.kr
여미지식물원	제주도 서귀포시 색달동	064) 632-3828 http://www.yeomiji.or.kr
한국자생식물원	강원도 평창군 도암면 병내리	033) 332-7069 http://www.kbotanic.co.kr
상수허브랜드	충청북도 청원군 부용면 외천리	043) 277-6633 http://www.sangsooherb.com
허브아일랜드	경기도 포천군 신북면 삼정리 517-2	031) 535-6494 http://www.herbisland.net
산귀래식물원	경기도 양평군 양서면 목왕리	031) 773-8638 http://www.sangwirae.co.kr
평강식물원	경기도 포천시 영북면 산정리 668번지	031) 531-7751 http://www.peacelandkorea.com
포천 뷰식물원	경기도 포천군 일동면 유동리 441	031) 534-1136 http://www.viewgarden.co.kr
양평 세미원	경기도 양평군 양서면 용담리 632	031) 775-1834 http://www.semiwon.or.kr
아침고요수목원	경기도 가평군 상면 행현리 산255	1544-6703 http://www.morningcalm.co.kr

12장

직접 번식시켜서 친구들에게 선물해 보자

꽃시장에서 산 것이 아니라 직접 씨앗을 뿌리거나 집에 있는 식물을 번식시켜서 화분에 장식하여 친구들에게 선물해 보자.

우리 집에 있는 식물의 가지를 꺾어서 번식시켜 친구들에게 선물을 하면 경제적으로 부담이 줄어들 뿐만 아니라, 무엇보다도 정성이 깃들어 있기 때문에 값진 선물이 될 수 있다.

1 씨앗을 뿌려 봅시다

식물을 사서 집안과 정원을 예쁘게 꾸미는 것도 좋지만 직접 씨앗을 뿌리고 싹이 난 식물을 키워 보는 것과는 차원이 다르다. 새싹부터 키우기 때문에 식물이 무럭무럭 커가는 것을 보면 아이를 키우는 듯한 책임감도 들 뿐만 아니라 식물에 대한 정이 쌓여 가는 것을 느낄 수 있을 것이다.

또한 키우는 즐거움도 있을 뿐만 아니라 식물을 구입하는 것보다 씨앗이 저렴하기 때문에 경제적인 이득이 될 수 있다.

1) 씨앗은 어떻게 생겼을까요?

씨앗을 잘라서 그 안에 무엇이 들어 있는지 확인해 보자. 종자는 배와 배유 그리고 종피로 구성되어 있다. 종자에는 배유가 있는 종자와 배유가 발달되지 않고 자엽이 그 자리를 차지하는 종자도 있다. 종피는 종자를 둘러싸서 보호하는 역할을 하며, 배유는 영양물질을 저장하고 있으며, 종자 발아 시 배가 바깥세상으로 나오기 전까지의 영양분을 보충해 주는 역할을 한다.

따라서 배와 배유로 구성된 종자(그림 12-1, B)는 발아 시 배만 땅 위로 올라오게 된다. 그러나 배와 떡잎으로 구성된 종자의 경우에는 발아 시 배와 떡잎 모두 땅 위로 올라오게 된다(그림 12-1, A). 종자 내에 들어 있는 배는 어린 식물로 자라서 새로운 세대로 연결된다.

그림 12-1 콩과 옥수수의 발아 패턴(왼쪽)과 콩 종자의 발아(오른쪽)

종자의 내부구조를 알아보았으면 이제 외형적인 생김새를 한번 알아보자. 씨앗의 크기는 [그림 12-2]에서 보는 바와 같이 매우 다양하다. 크기가 큰 대립종자부터 크기가 작은 미립종자까지 다양성을 가진다. 일반적으로 종자의 크기가 큰 것일수록 미립종자에 싹에 비해서 새싹의 크기가 크며 자라는 속도 역시 빠르다. 따라서 식물을 키우는 초보자라면 미립종자보다는 대립종자를 구입하여 파종해 보는 것을 추천한다.

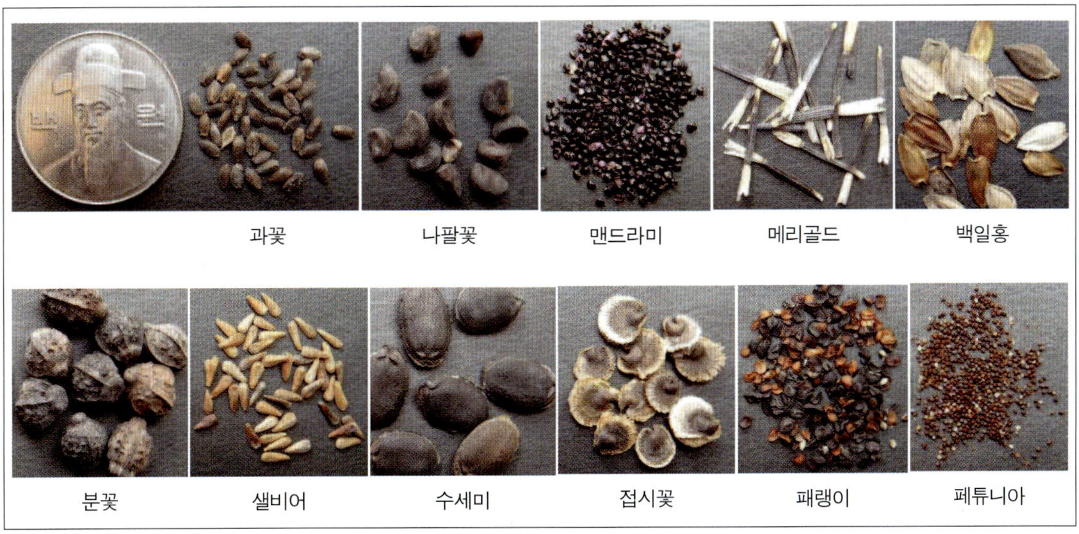

그림 12-2 여러 가지 모양의 종자

2) 종자의 발아

종자를 심고 나서 며칠 뒤에 땅속에서부터 푸른 싹이 올라오는 것이 보인다. 싹이 올라오기 전까지 며칠 동안 땅속에서는 무슨 일이 벌어지고 있는 것일까? 땅속 종자 안에서 일어나고 있는 일들을 알아보자.

종자는 수분의 함량이 일반 식물에 비해서 현저히 적다. 따라서 파종 후에는 부족한 수분을 충당하기 위해서 토양으로부터 열심히 수분을 빨아들이게 된다. 물을 빨아들인 종자는 팽팽해지면서 배에서부터 지베렐린이라고 하는 호르몬이 발생된다. 물을 빨아들이기 전까지는 엡시스산이라고 하는 휴면유도 호르몬에 의해서 잠을 자고 있던 종자가 발아를 하기 위해서 생리적으로 변환이 일어나고 있는 것이다. 지베렐린에 의해서 가수분해 효소들이 발현이 되며, 배유에 존재하는 여러 가지 거대물질을 배가 이용할 수 있는 작은 물질로 잘라 주게 된다. 이렇게 분해되어 만들어진 포도당과 같은 물질들은 땅속에서 배가 뿌리를 내리고 쑥쑥 자라서 땅 밖으로 나올 수 있는 힘의 원천이 된다. 땅 밖으로 나온 새싹은 그 후부터는 자가영양체로서 독립적으로 광합성을 통해 에너지를 얻게 되지만, 땅 밖으로 얼굴을 내밀기 전까지는 배유에 있는 영양분의 힘에 의해서 생명을 유지하게 된다.

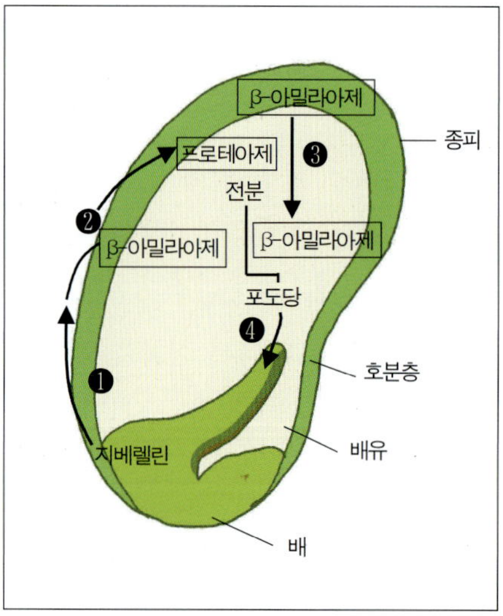

그림 12-3 종자의 발아과정

(1) 토양의 선택 및 씨앗 심는 방법

종자를 파종하는 토양은 보수력이 낮은 토양보다는 보수력이 높은 토양이 좋다. 종자가 물을 흡수할 수 있도록 수분이 충분한 토양조건을 만들어 주는 것이 중요하다. 예를 들어 모래나 펄라이트와 같은 토양은 통기성은 좋지만, 보수력이 좋지 않은 토양이기 때문에 종자 발아에는 부적합한 토양이라고 할 수 있다. 피트모스나 버미큘라이트 등이 보수력이 좋아 종자 파종용으로 가장 많이 사용되는 토양 종류들이다.

씨앗을 뿌리는 방법은 씨앗의 형태와 크기에 따라 달라진다. 일반적으로 줄뿌리기,

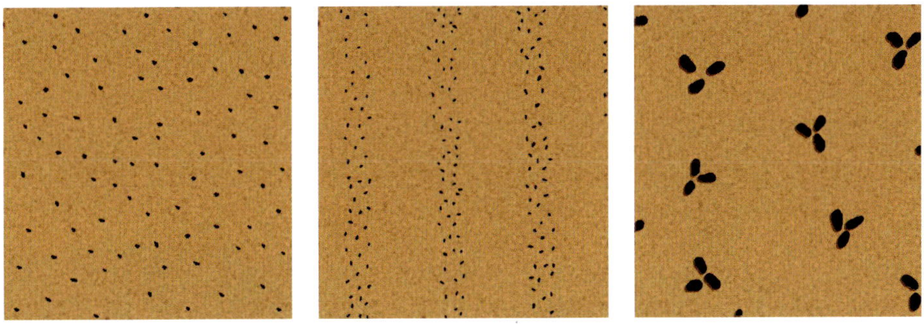

그림 12-4 종자의 파종 방법

흩어뿌리기, 점뿌리기 등으로 토양 내에 뿌리게 된다. 씨앗이 큰 대립종자의 경우에는 점뿌리기로 파종하며, 씨앗의 크기가 작은 미립종자의 경우에는 줄뿌리기나 흩어뿌리기로 파종을 한다.

(2) 어떻게 해야 씨앗이 잘 발아될까?

발아에 관여하는 요인으로는 온도, 빛, 수분, 호르몬 등 다양한 환경적인 요인들이 존재한다. 우선 종자가 심겨진 토양은 건조해서는 절대 안 되고, 항상 촉촉한 상태를 유지하는 것이 좋다. 저면관수법으로 토양을 계속 건조하지 않게 유지하는 것도 좋은 방법 중의 하나이다. 또한 수분의 증발을 막기 위해서 젖은 신문지를 덮어두는 경우도 있으며, 온도가 낮은 초봄이나 늦가을의 경우에는 비닐로 덮어서 가습의 효과와 보온의 효과 두 가지를 같이 얻어낼 수 있다.

발아에 있어서 온도 역시 중요한 요인 중 하나이다. 온도가 너무 낮을 경우에는 발아가 불가능하며 대부분 종자에 있어서 20~25℃가 최적의 발아 온도이며, 최소한 야온 10℃ 이상은 되어야 어린 식물체가 스트레스 없이 잘 생육할 수 있다.

종자의 특성에 따라서 깊게 심어야 발아가 되는 종자, 얕게 심어야 발아가 잘 되는 종자로 구분할 수 있다. 이것은 종자에 따라서 빛(光)을 좋아하는 호광성 종자와 빛을 싫어하는 혐광성 종자로 구분한다. 혐광성 종자는 깊게 심어서 광 접촉을 피해 주어야 하며, 호광성 종자는 얕게 뿌려서 종자의 광 접촉을 좋게 해주어야 한다.

종자가 잠을 잔다? – 종자의 휴면

주위환경(온도, 수분) 등의 환경조건이 적당하지 않을 경우 최소한의 생명활동만을 하는데, 이때 식물의 상태를 휴면이라고 정의한다. 휴면 발생의 원인은 환경적인 요인이 가장 많으며, 휴면을 타파시키기 위해서는 외부의 환경요인들을 씨앗이 발아시킬 수 있는 환경으로 만들어 주는 것이 중요하다.

가장 흔한 원인 중의 하나로 종피가 딱딱해서 발아가 안 되는 경우로서, 종피가 딱딱한 경우에는 수분의 흡수, 산소의 투과가 불가능해서 발아가 불가능하게 된다. 종피가 딱딱한 종자를 경실종자라고 하며, 이런 경우에는 종피에 물리적으로 상처를 입히거나 황산 등의 화학약품을 처리하여 종피를 연화시킨다. 종자껍질에 발아억제 호르몬인 엡시스산(Abscisic acid, ABA)이 존재할 경우에도 발아가 억제되는 경우가 있으며, 이러한 경우 발아에 촉진 작용을 하는 호르몬인 지베렐린(Gibberellic acid, GA) 또는 시토키닌(Cytokinin)을 처리하여 발아를 유도한다.

특히 온대산 식물은 휴면이 필요하며 겨울 동안에 저온을 받아야 (휴면기간) 그 이듬해 생장 및 발육이 왕성해진다.

그림 12-5 경실종자인 연꽃 종자

(3) 싹이 난 후 관리법

발아는 실내에서도 즉 약광에서도 가능하지만, 발아가 된 후에도 계속적으로 약광에 있을 경우에는 식물체가 도장하여 줄기가 약해지는 경우가 많다. 줄기가 약한 상태에서 본엽이 발생되면 그 무게를 견디지 못하고 쓰러지고 만다. 따라서 발아가 된 다음에는 곧바로 햇빛이 좋은 곳으로 옮겨 주어서 초기 줄기 상태를 튼튼하게 해주는 것이 중요하다.

특히 미세종자의 경우, 너무 가까이서 싹이 나서 밀식되는 경우가 많고 밀식이 될 경우 광 부족으로 줄기가 약하게 클 수 있기 때문에 파종 시 흩어뿌리기를 넓게 해줄 필요성이 있으며, 발아가 된 후에는 솎아주기를 해주어야 묘가 건강하게 자랄 수 있다.

그림 12-6 발아 후 실내에서 도장한 모습

2. 영양번식도 내 손으로!!

식물의 잎·줄기·뿌리 등 일부분을 분리하여 조직을 완전한 식물체로 길러내는 방법으로, 종자번식이 불가능하거나 종자가 생기더라도 모체와 똑같은 형질을 원할 경우에 영양번식을 행한다. 식물의 생육 특징에 따라서 삽목(꺾꽂이), 분주(포기나누기), 분구(알뿌리나누기), 취목(휘묻이) 등 다양한 방법으로 번식이 가능하다.

이와 같은 영양번식이 가능한 원인은 식물의 전체형성능(totipotency)* 때문이며, 영양번식으로 생긴 식물은 종자번식에 비해서 싹을 키우는 과정이 없기 때문에 개화가 빠른 장점이 있으며, 종자가 잘 안 생기는 품종의 경우에는 매우 유용한 번식 방법이다. 그러나 한 번에 많은 식물체를 얻기 어려운 단점도 있다.

1) 삽 목

잎이나 줄기, 뿌리 등 식물체의 일부를 잘라 배양토에 꽂은 뒤 절단면 혹은 마디에 뿌리를 발생시키는 방법이다. 삽목 시 발근촉진제(루톤, Rootone)를 처리하면 발근을 보다 균일하고 빠르게 유도할 수 있다(그림 12-7). 발근촉진제는 식물호르몬의 일종인 옥신이 주성분으로서 뿌리의 생성을 촉진시켜 보다 빠르게 번식을 가능하게 해준다. 삽목은 사용되는 식물체의 부위에 따라 경삽(줄기꽂이), 엽삽(잎꽂이), 근삽(뿌리꽂이)으로 나뉘며, 경삽이 가장 일반적으로 행해지는 번식 방법이다.

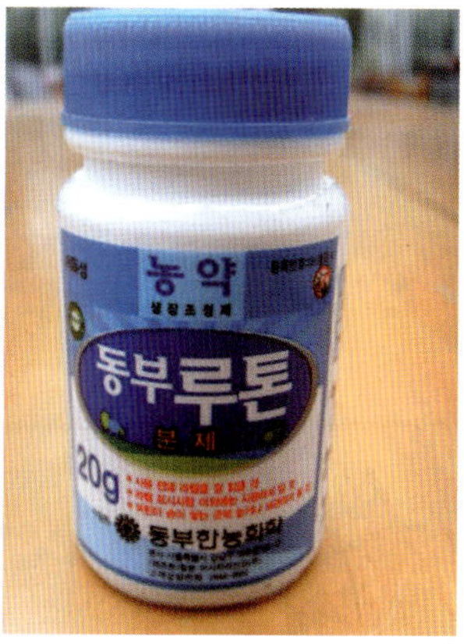

그림 12-7
발근촉진제 루톤

---

* 전체형성능(Totipotency) : 식물만이 가진 특성으로, 하나의 기관이나 조직 또는 세포 하나로도 완전한 식물체로 발달할 수 있는 능력.

12장 직접 번식시켜서 친구들에게 선물해 보자

(1) 삽목 환경

삽목은 밤 온도가 15℃ 이상이 되는 봄부터 가을 사이에 하는 것이 뿌리의 발육에도 도움이 되며 빠르다. 삽목을 할 때 잘려진 줄기는 뿌리가 없는 상태이기 때문에 삽목 시의 환경을 부주의하게 해주면 번식에 실패할 수도 있다. 삽수는 뿌리가 없기 때문에 토양으로부터 수분 흡수가 불가능하다. 따라서 뿌리가 발생되기 전까지는 식물체 내에서 수분이 빠져나가지 않게 주위환경을 조절해 줄 필요성이 있다. 삽수를 토양에 꽂은 뒤 주위의 습도가 너무 낮은 경우에는 기공으로부터의 수분 방출이 빨라져 뿌리가 나기도 전에 식물체는 시들어서 죽을 것이다.

삽목 식물체의 수분 스트레스를 줄이기 위한 방법

* 잎수를 줄여 준다.
* 빛을 차단하여 반음지 상태를 유지해 준다.
* 비닐이나 페트병을 덮어 주어 습도를 높게 유지한다(80~90%).

뿌리(부정근)를 잘 발생시키기 위해서는?

* 발근촉진제인 루톤 처리
* 수분 스트레스를 받지 않는 환경
* 식물은 딱딱한 부분보다는 연한 부분에서 발근이 잘됨.
* 아래쪽보다 위쪽에 생장점을 포함한 부분에서 발근이 더 잘됨.
* 삽수의 잎은 한쪽으로 치우지지 않고 골고루 분포하게 함.
* 잎이 너무 많으면 증산량이 많아져서 시들고 잎이 적으면 부정근을 발생시킬 수 있는 영양분이 부족하게 되므로 적당한 잎수를 남겨 둠.

(2) 삽목의 종류

삽목은 꺾꽂이라고도 하며, 줄기나 잎·뿌리 등을 잘라서 심어서 식물을 번식하는 방법을 말한다.

① 경삽(줄기꽂이)

가장 많이 이용되는 방법으로 겨드랑이눈과 잎이 포함된 줄기를 잘라서 뿌리를 발생시키는 방법이다. 대부분의 식물이 경삽에 의해서 번식되는 경우가 많으며 국화, 스킨답서스, 아이비, 로즈마리, 레몬밤 등의 번식에 사용된다. 줄기를 자른 후 루톤을 처리하여 토양에 심으면 발근이 빨라지는 효과를 기대할 수 있다.

경삽 2주 후　　　　　　경삽 4주 후

그림 12-8　로즈마리 경삽에 의한 2주 후 뿌리 발생 모습(왼쪽, 중앙), 4주 후 뿌리 모습(오른쪽)

② 엽삽(잎꽂이)

줄기를 제외한 잎과 잎자루를 잘라 배양토에 꽂은 후 뿌리를 내리게 하는 방법이다. 경우에 따라서 잎과 잎자루를 같이 번식시키는 방법을 엽병삽이라고 한다. 아프리칸바이올렛, 페페로미아 등은 엽병삽으로 번식하며 크라슐라, 산세베리아, 렉스베고니아의 경우에는 엽삽으로 번식을 한다.

크라슐라　　　　산세베리아　　　　아프리칸바이올렛　　　　렉스베고니아

그림 12-9　엽삽으로 번식하는 식물들

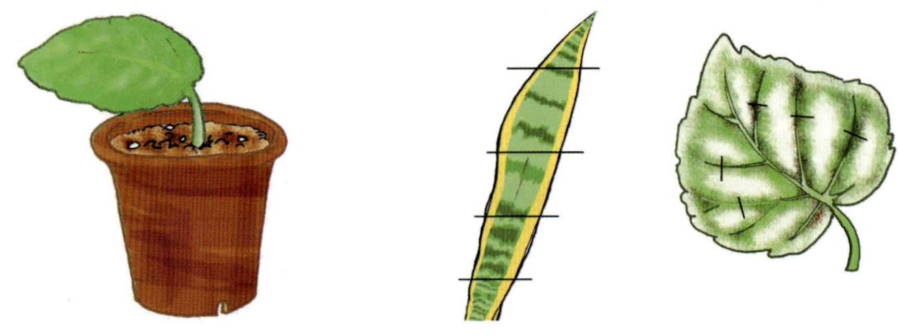

그림 12-10 엽삽(잎꽂이)의 종류들

선인장과 다육식물은 바로 꽂으면 자른 부분이 부패하여 썩게 되므로 3~4일 절단 부위를 말린 후에 토양에 꽂으면 뿌리를 발생시킬 수 있다. 경삽과 마찬가지로 루톤을 처리하여 뿌리의 생성을 촉진할 수 있다.

경삽의 경우에는 줄기에서 뿌리를 내리고 나서 새잎을 내놓고 길이생장만을 하면 되지만, 엽삽의 경우에는 새로운 줄기를 만들어야 하기 때문에 새로운 식물을 만드는 데는 경삽에 비해서 시간을 많이 필요로 한다. 일반적으로 2~3개월은 있어야 보기 좋은 식물을 만들어 낼 수 있다.

크라슐라 번식의 경우에도 잎을 따서 3~4일 정도 실내에서 말린 후 토양에 심어 주면 며칠 지나서 뿌리가 내리고 3~4주 후에는 새로운 줄기와 잎이 아래쪽에서 올라오기 시작한다(그림 12-11).

그림 12-11 엽삽으로 번식한 크라슐라와 발근 후 새싹의 모습

③ 근삽(뿌리꽂이)

초본류보다는 목본성 나무의 경우 많이 이용한다. 무궁화, 개나리, 진달래, 라일락과 같이 뿌리에서 눈이 잘 나오는 식물의 경우 굵은 뿌리를 5~10cm 길이로 잘라 배양토에 심으면 줄기가 나오면서 새로운 식물체가 형성된다(그림 12-12).

그림 12-12 근삽(뿌리꽂이)

2) 분주(포기나누기)

뿌리에서 눈이 많이 나오는 숙근류·화목류·분화류에서 이용하는 방법으로, 원줄기 근처에 새로운 싹·곁가지 등이 나오는데 이것을 나누어 번식하는 방법이다. 삽목은 뿌리가 없는 상태에서 뿌리를 내려서 식물을 키우기 때문에 환경조절을 할 필요가 있지만, 분주의 경우에는 뿌리가 붙은 채로 번식이 되기 때문에 식물체에 스트레스가 적으므로 번식시 환경조절이 번거롭지 않다.

그림 12-13 일반적인 분주(포기나누기) 모습

3) 분구(알뿌리나누기)

알뿌리는 식물체가 지하부에 영양을 저장하는 기관이며, 이 기관을 이용하여 번식시키는 방법이다. 자연적으로 모체 구근 근처에 자식 구근이 생기며 이것을 이용해서 번식한다. 심었을 때 자라는 속도가 매우 빠르기 때문에 아이들의 교육적인 부분에서도 많은 효과를 볼 수 있다. 채소로 많이 먹는 식물인 감자, 고구마, 양파 등을 잘라서 심어 보면 분구의 의미를 더 잘 이해할 수 있을 것이다.

글라디올러스, 튤립, 수선의 경우 해마다 모체 구근 근처에 작은 자식 구근이 생기는데, 이것을 잘라내어 그 다음해 구근 번식에 이용한다. 수선의 경우에는 인편을 이용하여 번식시킬 수 있기 때문에 개체수를 많이 늘릴 수 있는 장점이 있다.

자식 구근이 잘 생기지 않는 경우에는 일부러 상처를 주어서 그 부분에서 자구가 생기게 유도하기도 한다(히아신스). 칸나는 근경 형태로 구의 형태가 아닌 생강과 비슷한 형태를 가진다. 눈이 있는 부분을 잘라서 심어 주면 여러 개의 식물로 번식시킬 수 있다(그림 12-14). 다알리아의 경우에는 고구마와 같은 형태를 하고 있으며, 줄기에 여러 개의 고구마가 달려 있는 형상이다. 줄기 쪽에 붙어 있는 부분에 눈을 가지고 있으므로 번식시 눈이 붙어 있는 채로 다알리아 구근을 떼어내어 심어 준다(그림 12-15).

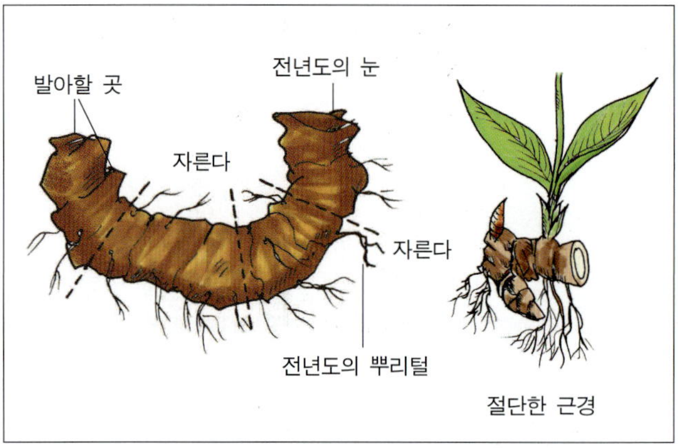

그림 12-14 칸나 근경의 번식 방법

그림 12-15 다알리아 구근의 번식 방법

4) 취목(휘묻이)

모체에서 자르지 않은 상태로 흙속이나 공중에서 새로운 뿌리를 발생시킨 다음 뿌리가 난 가지를 분리시켜 개체를 얻는 번식법이다.

① 선단취목 : 가지의 끝인 선단 부위를 토양에 묻어 두면 싹이 나와서 번식시키는 방법이다.

② 파상취목 : 덩굴성 식물이나 가지가 부드럽고 긴 줄기를 여러 차례 굴곡시켜 지하부에서 발근 후 분리하는 방법이다.

③ 성토법 : 가지가 많은 부분까지 흙을 올려 심어서 발근 후 번식시키는 방법이다.

④ 공중취목 : 파상취목은 흙 속에서 번식시키는 방법인 데 반해서, 공중취목은 공중에서 번식시키는 방법으로, 가지에 환상박피(줄기의 겉껍질 부분을 1cm 정도 돌려가며 벗겨내는 방법)를 한 다음 축축한 수태로 감싸서 뿌리를 발생시키는 방법이다.

선단취목

피상취목

성토법

공중취목

그림 12-16 취목의 종류

5) 포자를 이용한 번식

고사리는 꽃을 피우지 못하는 민꽃식물로서 포자를 이용하여 번식하는 대표적인 식물이다. 어느 정도 다 자란 고사리에 포자가 발생된다. 이 포자가 땅으로 떨어져 적당한 환경이 맞으면 전엽체로 된다. 전엽체에는 동물의 정자와 난자에 해당하는 장정기와 장란기가 생성되며, 이것이 만나서 본엽이 나오게 된다. 본엽이 점점 커지면 우리가 주위에서 볼 수 있는 고사리가 된다.

6) 그 외의 번식법

그림 12-17 접란의 런너(runner)를 이용한 번식법

접란은 분주를 이용해서 번식하는 방법이기도 하지만, 꽃대가 올라와서 꽃이 피고난 후 종자가 생성되는 것이 아니라 자식 식물체가 꽃이 핀 부분에 생기게 된다. 뿌리까지 같이 생기기 때문에 떼어내어 토양에 바로 심으면 번식이 쉽게 이루어질 수 있다.

접란의 경우와는 다르게 칼랑코에(*Kalanchoe daigremontiana*, 천손초)의 경우에는 꽃이 피지도 않은 상태에서 잎 끝에 자식을 주렁주렁 달리게 하는 특성이 있다(그림 12-18). 잎이 달리면서 뿌리가 같이 나오기 때문에 작은 접촉에 의해서 아래쪽 땅으로 떨어져서 자연적인 번식이 가능하다. 또한 뿌리가 이미 많이 발달되어 있기 때문에 새로운 식물체로 자라는 성공률이 매우 높다.

그림 12-18

칼랑코에(천손초)의 모습(위)과 잎끝에 자식이 달린 모양(아래)

13장

꽃을 이용한 장식품 만들기

꽃장식에 사용하는 꽃은 뿌리를 자르고 꽃과 줄기 부분을 주로 이용하기 때문에 절화(切花)라고 하며, 선물용·행사용·상업공간 등에 장식용으로 많이 이용되고 있다. 꽃장식은 살아 있는 생화뿐만 아니라 꽃을 말려서 이용하는 건조화로도 장식이 가능하며, 압축 건조시킨 압화(pressed flower)를 이용하여 장신구·가구 또는 소품을 만들거나 회화적인 표현으로 액자와 같은 예술작품을 만들어 생활환경 장식에 다양하게 활용되고 있다.

1 꼭 필요한 꽃장식 테크닉

1) 동양식 꽃장식

동양식 꽃장식은 꽃, 줄기 또는 가지를 이용하여 선(line)과 공간을 강조하며 입체적으로 꽂는 방법이다.

자연을 통해 정신세계의 수양과 인생의 태도를 반영하고, 3개 명칭인 주지(1주지, 2주지, 3주지)를 이용하여 하늘[天], 땅[地], 사람[人]을 표현하고자 하는 기법으로 우리나라와 일본 및 중국 등을 중심으로 발달하였다.

주가 되는 가지인 주지(主枝)는 작품의 크기를 정해 주는 가장 중요한 요소로 힘이 강하고 색채가 아름답고 작품의 중심이 될 수 있어야 한다.

보통 3개의 주지로 이루어졌으나 화형에 따라서 2개가 될 수도 있다. 꽂는 형태는 입진형·경진형·평진형·수진형 등이 있으며, 1주지의 각도에 따라 꽂는 방법이 응용될 수 있다(그림 13-2).

그림 13-1 동양식 꽃장식의 응용 작품

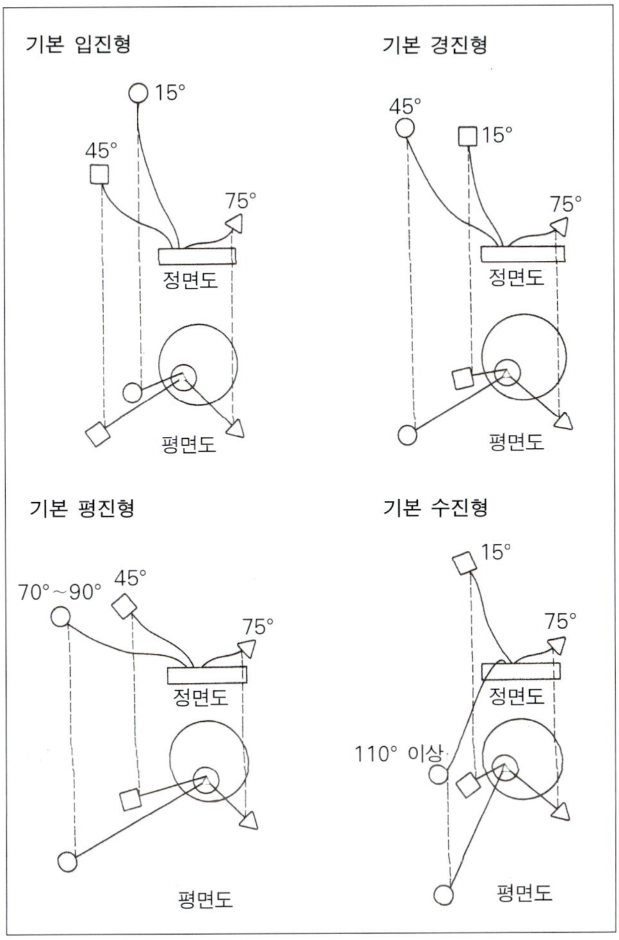

그림 13-2

동양식 꽃장식의 기본 화형

그림 13-3

서양식 꽃장식의 응용 작품

2) 서양식 꽃장식

서양식 꽃장식은 다양한 꽃의 색채를 이용하여 화려한 느낌을 살리고, 형태(form) 위주로 꽂으며 디자인의 구성 원리나 기하학적 기법을 활용하여 장식을 한다. 동양식 꽃장식에 비해 장식성이 강하며, 용도와 꽃의 소재에 따라 선화(line flower), 뭉치화(mass flower), 모양화(form flower), 채우는 꽃(filler flower)으로 구분한다. 꽂는 방법은 직선적인 구성 방법인 삼각형, 사각형, L형, T형 등이 있고, 곡선을 위주로 하는 구성 방법으로는 원형, 원추형, 타원형, S형 등이 있다(그림 13-4).

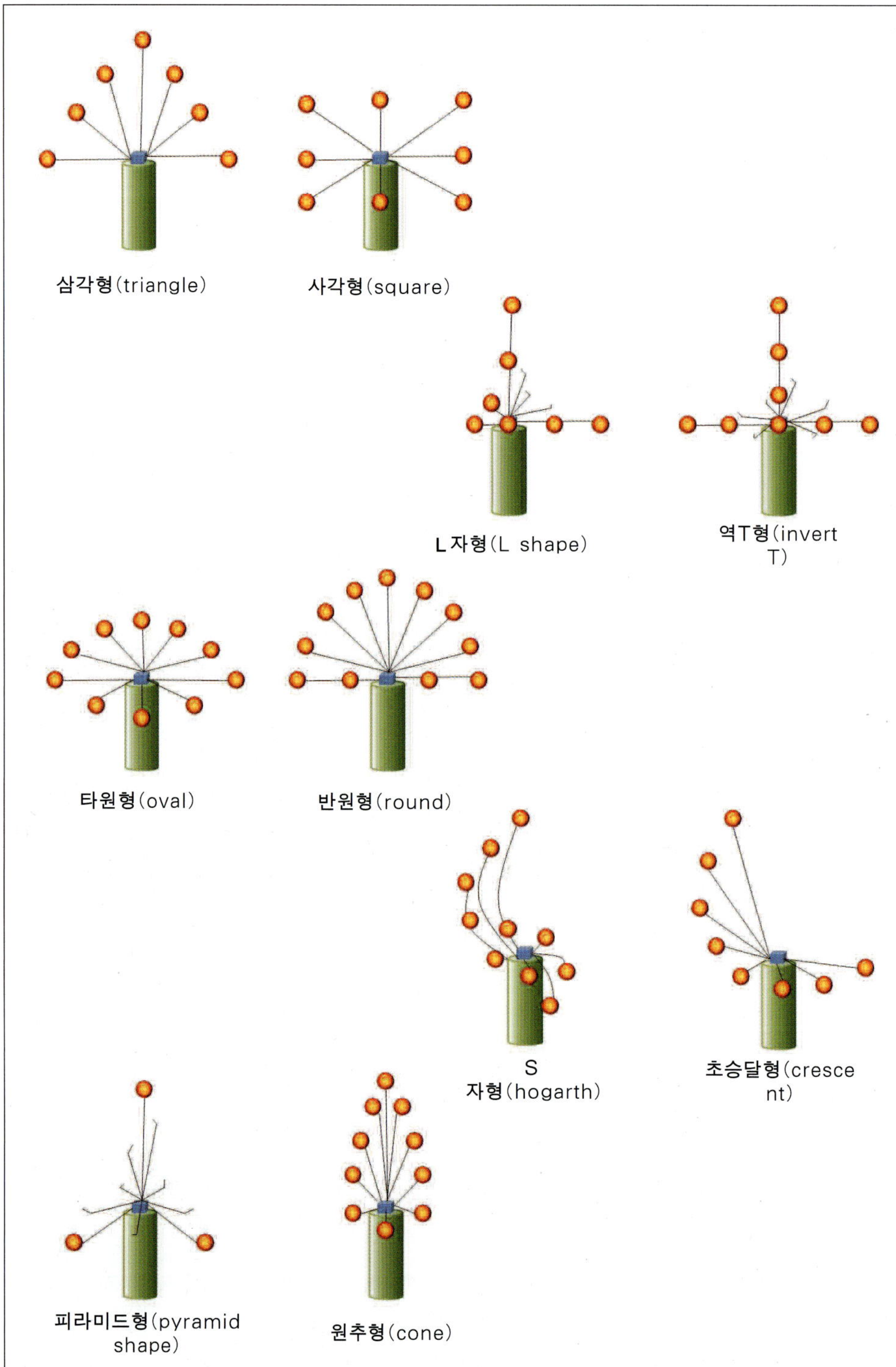

그림 13-4 서양식 꽃장식의 기본 화형

3) 용도에 따른 다양한 꽃장식

용도에 따른 꽃장식의 종류로는 부케(bouquet)를 들 수 있다. 부케는 다발, 묶음이라는 뜻의 프랑스어로 꽃송이를 잘라 철사를 이용하거나 그대로 묶어서 결혼식이나 생일, 졸업 선물 등 축하용으로 이용하는 것이다. 우리나라에서는 결혼식에서 신부가 드는 웨딩부케가 대표적이다. 이러한 부케와 꽃다발은 작품의 수명에 한계가 있으므로 용도와 시간을 잘 고려하여 만들어야 한다. 한편, 신랑의 양복 윗주머니에 장식하는 것을 부토니어(boutonniere)라 하고, 결혼식 양가 어르신의 가슴에 다는 꽃은 코사지(corsage)라고 한다.

그림 13-5

용도에 따른 꽃장식의 종류

부케

결혼식 테이블 장식화

그림 13-6 꽃바구니와 꽃포장

우리는 주변에서 남들이 버린 깨진 항아리나 놋그릇, 창호를 잘 다듬어 적절한 곳에 배치하여 멋진 장식품으로 사용하는 것을 보고 감탄하는 경우가 있다. 이와 같이 훌륭한 꽃장식은 상점에서만 구할 수 있는 것이 아니다. 실내의 분위기를 보다 아름답고 풍요롭게 하려는 마음과 안목만 있으면 어디에나 새롭게 장식할 수 있다.

꽃장식품의 관리 및 취급요령

꽃장식에 사용하는 꽃의 품질은 꽃의 모양·색상·향기·질감 등이 신선한 것이 좋으며, 디자인은 쓰임새에 적합하고 아름다운 것이 좋다. 의미 있고 아름다운 꽃장식을 오래 보려면, 보관과 관리를 잘해 주어야 한다.

꽃의 노화 속도는 온도에 따라 크게 좌우되며, 호흡이 많을수록 빨리 시들어 버린다. 때문에 꽃을 구입한 후에는 가능한 저온 관리해 주고 수명을 최대한 연장시켜 주기 위해 적정온도를 유지해 준다. 온도는 실내온도인 16~21℃에서 습도는 50~60% 정도로 건조하지 않게 관리해 주는 것이 좋으며, 광선은 직사광선을 피하고 매일 12~14시간 정도 실내의 은은한 조명에서 관리하는 것이 좋다. 또한 꽃장식의 꽃은 줄기를 통해 물을 흡수하기 때문에 박테리아나 미생물로 인해 줄기가 막히지 않도록 물을 자주 갈아주고, 살균제나 약한 설탕물을 타주는 등 물관리를 잘해 주어야 한다.

2. 건조화와 압화

1) 건조화(말림꽃, 乾燥花, Dried flower)

식물의 각 기관을 자연건조시키거나 인위적으로 건조시키는 것인데, 식물의 각 기관인 꽃·잎·줄기·과실종자·뿌리 등의 각 기관을 자연건조시키거나 화학적 또는 물리적인 처리로 건조 및 가공시킨 꽃 장식물이다.

그림 13-7 건조화를 이용한 꽃장식

그림 13-8 판매되는 염색건조화의 종류

그림 13-9 유리용기를 이용한 건조화 작품

2) 누름꽃(압화, Pressed flower)

식물체의 꽃이나 잎, 줄기 등을 평면적으로 건조시킨 것으로 각종 생활용품이나 장신구 등에 이용할 수 있어 취미생활이나 상업적으로도 응용하기 쉽다.

그림 13-10 압화를 이용한 생활소품과 압화 재료

3 말림꽃(건조화)의 건조 방법

(1) 자연건조법

화형이 작고 줄기가 짧은 식물체 건조에 많이 이용된다.

① 꽃은 70~80% 개화했을 때 채취 건조한다.

② 건조 환경은 10℃ 이하의 온도나 20% 이하의 습도가 이상적이다.

③ 공기의 순환이 잘 되는 곳이어야 한다.

④ 강풍, 햇빛, 먼지 등 공해로부터 보호되는 곳에서 건조한다.

- 거꾸로 매다는 방법 : 아킬레아, 리아트리스, 안개꽃, 엉겅퀴, 장미, 스타티스
- 세워 놓는 법 : 수수, 수국, 억새
- 평평히 눕혀 놓는 법 : 곡식류, 대나무류, 해바라기 등 단단한 식물들을 위주로 한다.

(2) 매몰건조법

건조제인 실리카겔, 강모래, 소금, 붕사, 밀가루, 펄라이트, 버미큘라이트 등으로 소재를 매몰시켜 건조시키는 방법이다.

건조 재료로는 아네모네, 백일홍, 장미, 백합, 프리지아, 수선화, 튤립, 난 등

(3) 가온건조법

고열 건조법으로, 뜨거운 열로 짧은 시간 내 건조시키는 것이다. 과일(사과·배·오렌지), 채소, 잎 등을 건조시키는 방법으로 변색이 쉽게 되는 단점이 있다.

(4) 저온건조법

0~10℃ 이하의 건조한 곳에 두어 건조시키는 방법이다. 저온이 효소의 활성을 강력히 억제시키는 작용을 하기 때문에 저온건조된 소재는 비교적 좋은 색깔을 보존할 수 있는 장점이 있는 반면에 건조시간이 비교적 오래 걸리는 단점이 있다.

(5) 감압건조법

공기를 순간적으로 빼주면서 건조시키는 방법이다. 일정한 양의 공기를 추출하여 진공상태로 만든 밀폐용기에 식물체를 넣어 식물체 내의 수분이 신속히 증발되거나 승화되도록 하는 이 건조법은 건조속도가 빠르고 색의 유지가 잘되는 장점이 있다.

(6) 중압건조법

식물체에 적당한 압력을 주어 건조시키는 방법이다. 누름꽃, 압화(pressed flower) 건조법이라고도 한다. 다리미 건조법, 건조 매트를 이용한 방법, 전기식 건조기를 이용한 방법 등이 있다.

(7) 액체건조법(침액건조법)

① 알코올 건조법 : 소재를 알코올에 담갔다가 건조시키는 방법으로 이 방법은 건조속도가 매우 빠르지만 비용이 많이 들고 소재에 따라서는 색소파괴가 일어나는 단점이 있다.

② 포르말린 건조법 : 포르말린 용액에 식물체를 담가서 포르말린이 식물체의 수분을 대체하도록 하는 건조 방법이다. 글리세린으로 건조시킬 때보다 건조속도는 빠르지만 소재의 상품성은 떨어진다.

③ 글리세린 건조법 : 무색투명하며 단맛을 가지고 있는 유상(油狀)의 액제인 글리세린과 물(4 : 6의 비율과 1%의 계면활성제)의 혼합액에 소재를 꽂거나 침지시켜 건조하는 방법이다. 이 방법은 식물체 속의 물이 글리세린으로 교체되면서 유연성과 좋은 질감을 가지게 되는 장점이 있다. 줄기가 있는 소재는 글리세린과 물의 혼합액에 꽂아 건조시키고, 지피식물과 잎 종류는 침지법(浸漬法)이 적당하다.

건조화 작품의 보관 및 주의점

건조화 작품은 습기와 직사광선 노출되면 식물의 색소가 가수분해되어 탈색이 되거나 파괴되고 건조된 형태가 변하기 때문에 비 오는 날에는 작업을 하지 않는 것이 좋다. 또한 작품을 완성하고 보관할 때에는 직사광선이 닿지 않는 실내에 보관하고 자외선 차단 필름으로 코팅을 해주거나 발색제나 염색제를 이용하여 색이 변하지 않도록 처리를 해주는 것이 좋다.

14장

우아하면서도 화려한 난의 세계

1 난의 특징

난과 식물은 현재 전 세계에 널리 분포하며 종류만도 약 3만여 종이 알려져 있어 그 다양성을 과시한다.

식물의 형태 중 잎이 가느다랗고 기다란 경우에는 대부분 식물이름에 난이란 이름을 붙여서 불렀다. 예를 들어 문주란, 군자란, 용설란, 나비란 등이 그 예이지만 엄밀히 이야기하면 난은 아니다.

난은 살아가는 습성에 따라 착생란(기생란)과 지생란으로 나눌 수 있다.

착생란은 큰 나무의 줄기나 바위에 붙어서 공중에 존재하는 습기를 먹고사는 식물로, 서양란의 대부분이 여기에 속한다. 동양란 중에서도 나도풍란(대엽풍란), 소엽풍란, 석곡 등이 여기에 속한다.

지생란은 일반식물과 같이 뿌리가 땅속으로 파고들어가며 일반적으로 굵고 길다. 춘란이나 한란 등이 여기에 해당한다. 그러나 뿌리의 모양새는 착생란과 비슷하며, 흙속 깊숙이 들어가는 것이 아니라 지표면 바로 아래쪽에 존재하는 호기성 형태를 보인다.

난의 뿌리는 굵어지는 생장을 하지 않으나 일반 식물에 비해 현저히 굵은 특색을 가지는데, 그 이유는 벨라멘층 때문이다. 벨라멘층은 뿌리의 바깥쪽을 감싸고 있으면서 스펀지처럼 물을 빨아들이고 저장하여 오랫동안 물을 주지 않아도 견딜 수 있게 한다. 난에 물을 자주 주지 말아야 하는 이유가 여기에 있다.

2. 난의 종류

난은 크게 동양란, 서양란, 야생란 세 가지로 분류된다. 서양란은 동남아시아 일대와 남미, 브라질의 밀림지대나 멕시코, 아프리카 등의 열대·아열대 지방에 자생하는 난을 가리킨다. 이에 반해 동양란은 우리나라와 중국·대만·일본에서 생산되는 심비디움속의 춘란, 한란, 석곡, 풍란 등을 말한다.

1) 동양란

동양란은 서양란과는 대조적으로 꽃의 수와 크기는 매우 작지만, 그 향기가 일품이다. 꽃이 피는 시기에 따라서 분류를 하기도 하여, 봄에 피는 것을 춘란, 여름에 피는 것을 하란, 가을에 피는 것은 추란이라고 하며, 한란은 가을부터 1월 사이에 꽃이 피는 겨울난이다.

(1) 춘란(春蘭)

춘란은 봄을 알리는 꽃으로 3~4월에 개화하는 특성을 가지며, 우리나라·일본·중국·대만 등지에서 자생한다. 보춘화, 꿩밥, 산난초 등 여러 이름으로 불리며 우리나라 남부지방 어디에서나 볼 수 있는 자생종이다. 춘란은 꽃대 하나에 한 송이의 꽃을 피우지만, 상태가 좋은 줄기는 꽃대 하나에 두 송이를 한꺼번에 피우는 경우도 있다.

그림 14-1 춘란

(2) 풍란(風蘭)

풍란은 고온 다습한 아열대 식물로 나무껍질이나 절벽에 착생하고 대기 중의 습기를

그림 14-2 소엽풍란

흡수하면서 살아간다. 풍란의 뿌리는 몸체에 비하여 매우 긴데, 착생란이 그러하듯이 나무와 바위에 붙어서 양분과 수분을 흡수하기 위한 형태적인 적응이라고 볼 수 있다. 우리나라에는 전라남도 해안가, 제주도, 한려수도 등의 일대에 분포하고 있다.

1년에 2장의 잎이 나오므로 잎의 붙어 있는 형태와 개수를 보면 풍란의 성장햇수를 알 수 있다. 꽃은 6~7월경에 개화하는데 작은 꽃에서 풍기는 향기가 일품이다.

(3) 한란(寒蘭)

한란은 말 그대로 추운 계절에 꽃이 피는 식물로 10월부터 이듬해 2월까지 꽃이 핀다. 춘란과는 대조적으로 꽃대 하나에 여러 개의 꽃을 피우며, 상태에 따라서 적게는 3개부터 많게는 20개까지의 꽃을 피울 수 있다. 한란은 우리나라 제주도와 일본 남부지방 등에 자생하며 심비디움속에 속하는 다년초이다.

2) 서양란

서양란은 동남아시아 일대와 남미, 브라질의 밀림지대, 멕시코, 아프리카 등의 열대·아열대 지방에서 자생하는 난을 가리킨다.

그림 14-3 심비디움

(1) 심비디움(Cymbidium)

서양란 가운데서 가장 많이 알려져 있는 품종으로, 다른 서양란에 비해 꽃송이가 많이 달리고 향기로운 특징이 있다. 심비디움은 배모양(cymbes)과 형태(edios)라는 뜻이 결합된 말로, 심비디움속에는 온대에서 자라는 동양란 그룹과 열대·아열대에서 자라는 서양란 그룹으로 나뉜다. 원예에서 심비디움이라고 불리는 서양란은 동남아시아의 대형종과 동양란을 교배하여 생긴 종류들을 가리키며, 서양란의 가장 으뜸인 품목이다.

(2) 팔레놉시스(Phalaenopsis)

팔레놉시스는 나방과 비슷하게 생겼다고 하여 호접란(胡蝶蘭)이란 이름이 붙여졌다. 열대아시아를 비롯하여 호주, 대만에 이르는 지역에 약 50종이 자생하고 있다. 팔레놉시스의 꽃구조는 꽃받침 3매와 화판 2매, 설판 1매로 되어 있으며, 화색이 풍부하고 꽃이 피면서 꽃대가 부드러운 곡선을 그리기 때문에 우아한 분위기를 연출할 수 있다. 꽃은 주로 겨울부터 봄에 피는데, 품종에 따라서 여름부터 가을에 개화하는 호접란도 있다.

그림 14-4 팔레놉시스

(3) 카틀레야(Cattleya)

서양란의 여왕으로 꼽힐 정도로 화려한 카틀레야의 원종은 약 60종이 있다. 원종은 중남미에 자생하며, 나무나 바위에 착생한다. 벌브라고 불리는 비대한 줄기가 있으며 잎은 벌브의 맨 위에 달린다. 카틀레야류는 건조에 잘 견디며 겨울은 따뜻하고 여름은 서늘한 장소에서 잘 자란다.

그림 14-5 카틀레야

(4) 온시디움(Oncidium)

온시디움은 혹(enkos)과 모양(edios)의 두 단어로 된 속명으로 설판 기부에 혹 모양을 가진 형태에서 유래되었다. 중남미 일대에 약 350종이 분포하고 있다. 맑고 엷은 노란색의 잎에 큼직한 붉은색의 점박이가 있는 것이 가장 대표적인 온시디움 품종의 특징이다. 한 그루에 보통 꽃대 하나가 올라오며 20~50 송이의 꽃이 핀다.

그림 14-6 온시디움

(5) 덴드로비움(Dendrobium)

덴드로비움은 노빌계(nobile), 덴파레계(denphalae), 포미더블계(formidible)의 3종류가 있다. 노빌계는 노빌이라는 원종을 중심으로 교배되어 나온 것으로 덴파레계와 더불어 우리나라에서 가장 널리 재배되는 계통이다. 덴파레는 일명 덴드로비움과 팔레놉시스를 교잡한 것이라고 알고 있지만 잘못된 상식으로 꽃모양이 팔레놉시스와 비슷하다고 하여 덴드로비움 팔레놉시스라고 부르며, 그 줄임말로 덴파레라고 불린다.

그림 14-7 덴드로비움

(6) 반다(Vanda)

반다는 나무에 착생한다(vandaka)라는 산스크리트어에서 유래된 말로, 반다는 나무에 착생하는 착생란이다. 태국·필리핀이 원산지로 더운 곳에서 잘 자라지만, 선선한 곳에서도 잘 적응한다. 꽃의 수명이 길고 아름다워서 매우 인기가 높은 서양란 종류이다. 이들은 뿌리가 썩거나 습도가 부족한 경우, 또한 온도가 낮을 때 아래쪽 잎부터 떨어지기 시작한다.

그림 14-8 반다

3 좋은 난 구입하기

난을 고르는 첫 번째 요령은 뿌리 상태와 잎의 빛깔이다. 모든 식물이 그러하듯이 난 역시 뿌리가 건강해야 지상부의 좋은 생육을 유도할 수 있다. 한 촉에 흰뿌리가 3개 이상 붙어 있고 상처나 검은 얼룩이 없는 것이 좋은 뿌리이다. 오래되거나 상처를 받은 뿌리는 담갈색이나 검게 변하는 경우가 많으므로 구입시 주의한다.

잎은 윤기가 좋으면서 자태가 아름답고 건강한 것을 구입한다. 잎이 지나치게 웃자라 보이는 것은 피해야 한다. 웃자란 식물은 새촉을 받거나 꽃을 보는 데 시간이 오래 걸리기 때문이다. 난의 줄기에 해당되는 벌브는 크고 윤기가 있는 것을 선택한다. 반점이나 주름이 있는 것은 상태가 좋지 않다는 것을 의미하므로 주의 깊게 살펴본다.

촉수는 3촉 이상을 구입하는 것이 좋으며, 촉수가 그 이하일 경우에는 새촉이 생기는 데 어려움이 있게 되므로 한꺼번에 촉이 심겨져 있는 분을 선택한다.

좋은 난 구입 시 주의해야 할 점

* 뿌리 : 한 촉의 난에 흰뿌리가 3개 이상 붙어 있고, 갈색이나 검은 얼룩과 같은 상처가 뿌리에 없어야 한다. 또한 뿌리의 끝부분이 잘려지지 않고 투명한 생장점이 살아 있는 것을 구입한다.
* 잎 : 윤기가 흐르면서 병충해가 없는 것을 구입한다. 잎이 지나치게 웃자라 보이는 것은 피하는 것이 좋다.
* 벌브 : 벌브는 난의 줄기에 해당되며, 벌브가 굵고 윤기가 나는 것을 구입한다. 탄탄하고 녹색 빛이 도는 것이 좋은 벌브 상태이다.
* 전체적인 모양 : 촉수는 3촉 이상을 구입하는 것이 좋다. 그러나 한 촉씩을 같이 심어 놓은 것보다는 3촉이 같이 붙어 있는 것을 구입해야 새 촉이 올라올 가능성이 높다.

4. 난 키우기

일반적으로 난이라고 하면 기르기가 매우 까다로운 품목이라고 생각하시는 분들이 많다. 그러나 난은 비교적 생명력이 강하기 때문에 식물에 관심이 있으신 분이라면 어렵지 않게 기를 수 있는 식물 중 하나이다.

1) 물주기

난의 뿌리는 벨라멘층으로 둘러싸여 있기 때문에 뿌리의 건조에 매우 강하다. 따라서 자주 물을 주게 되면 뿌리가 썩기 때문에 일반 식물에 비하여 토양관수의 횟수를 적게 하는 것이 일반적이다. 특히 겨울철과 같이 온도가 낮은 휴면기에는 물주기를 더욱 줄여야 한다. 온도가 낮아서 수분의 흡수도 적을 뿐만 아니라 뿌리에 동해가 발생할 수도 있다.

환경에 따라서 물주기를 지혜롭게 조절해서 뿌리가 썩는 일만 주의하면 건강한 뿌리를 유지하면서 아름다운 꽃을 볼 수 있다.

2) 난에 적합한 토양

난의 배양토는 보수성·배수성·통기성 등의 토양 특성을 모두 가져야 하지만, 이 중에서 가장 중요하게 손꼽히는 것이 통기성이다. 그만큼 과습에 약해서 뿌리가 썩기 쉽다는 것을 의미한다. 또한 난의 배양토는 잘 부수어지지 않아야 한다. 가루가 많게 되면 배양토와 배양토를 막아서 통풍과 배수에 지장을 주게 되기 때문이다. 동양란은 입자가 굵어 통기성이 좋은 사스마토, 일향토, 하이드로볼, 마사토 등의 토양을 많이 사용하며 전용 배양토는 크기에 따라 대·중·소로 구분되어 있어서 심을 때 대립, 중립, 소립의 순서로 사용해야 뿌리가 잘 내리고 물빠짐도 좋다. 서양란의 경우에는 주로 바크나 수태를 사용하는 경우가 많다. 수태는 썩지 못하게 방부제가 들어 있는 경우가 많으므로 사용 하루 전에 물에 담가 놓는다.

3) 햇 빛

햇빛을 좋아하는 정도는 난의 종류나 품종에 따라서 다르다. 서양란인 심비디움, 카틀레야, 덴드로비움, 온시디움 등은 비교적 양지에서 잘 자란다. 그러나 춘란, 한란 등의 동양란은 반음지에서 잘 자란다. 따라서 동양란의 경우에는 광도가 지나치게 높으면 잎이 노랗게 변하고, 지나치게 강할 경우에는 갈색으로 타들어가는 현상이 나타난다. 한여름의 강광은 피하고 그늘로 옮기거나 차광을 해주어야 한다.

4) 온 도

난은 30℃ 이상의 고온이나 5℃ 이하의 저온 조건에서 자라기 어렵다. 특히 호접란의 경우에는 밤 기온이 10℃ 이하로 떨어지면 저온피해를 입는 경우도 있다. 따라서 서양란은 겨울철 온도관리가 필수적이다. 베란다에서 키우던 난초는 가을이 끝나감과 동시에 실내로 들여놓아야 월동이 가능하다. 일반적으로 낮에는 18~24℃ 범위가 가장 알맞고 밤에는 낮의 온도보다 5℃ 정도 낮은 것이 좋다.

난 키우기에 주의해야 할 점

* 물주기 : 난은 벨라멘층이 있어서 주변의 습기를 흡수할 수 있으므로 건조에 매우 강하다. 따라서 습한 환경을 만들지 않도록 해야 하며, 다른 식물에 비해서 물주기를 적게 하는 것이 좋다.
* 토양 : 난의 뿌리는 습한 환경을 싫어하기 때문에 배수성과 통기성이 좋은 토양을 선택하는 것이 좋다. 크기가 굵은 자갈과 크기가 작은 자갈을 혼합한 혼합토를 사용하여 뿌리에 가장 적합한 토양을 만들어 준다.
* 햇빛 : 동양란은 햇빛을 많이 받지 않는 것이 좋다. 오전 2시간 정도면 충분하므로 너무 직사광선의 빛을 받지 않는 곳을 선택하여 준다. 서양란은 동양란보다는 햇빛에 강하기는 하지만 직사광선은 피하는 것이 좋다.
* 온도 : 동양란은 서양란에 비해서 저온에 강하며 최하 0~5℃ 이상은 유지시켜 주어야 하며, 서양란은 5~10℃ 이상은 유지시켜 주어야 겨울철 저온을 견디어낼 수 있다. 따라서 서양란은 겨울철에는 꼭 베란다에서 실내로 옮겨 주어야 하며, 실내에서도 햇빛이 잘 드는 곳에 배치를 해준다.

15장

원예식물 관리 이럴 땐 어떻게?

싱그럽고 소담스러웠던 모습에 매력을 느껴 구입했던 식물이 집에서 키우면서 한쪽 방향으로 쓰러질 것같이 자라거나 엉성하고 병약해지면서 기대했던 모양과 다르게 변하게 되는 경우가 많다.

이 장에서는 원예식물의 관리 시 흔히 맞닥뜨리게 되는 여러 가지 문제의 궁금증과 그 해결책을 각각의 유형별 질문과 답변 형식으로 구성해 본다. 다양한 사례의 예시를 통해 원예식물을 키우면서 경험하게 되는 안타까운 상황들을 슬기롭게 대처해 나갈 해답을 찾을 수 있을 것이다.

Q1 물은 언제 얼마나 주어야 되나요?

A 보통 아침에 물을 주는 것이 좋고, 여름철 햇빛이 강한 한낮에는 피하는 것이 좋다. 강한 햇빛에 뜨거워진 물은 오히려 잎에 반점 및 괴사현상을 만들어 외관이 보기 흉해진다. 여름철 물을 좋아하는 식물은 아침, 저녁 두 번 정도 주는 것이 좋다.

물은 식물마다 필요로 하는 양이 틀리기 때문에 화분흙을 만져보거나 윗부분 흙이 완전히 말라 푸석할 때, 또 화분을 들어보아 가벼워졌을 때 준다.

물은 얼마큼 주는 것이 좋을까? 화분 아래쪽으로 물이 30% 이상 빠져나올 때까지 충분히 주는 것이 좋다. 물을 줄 때에는 꽃이 피어 있는 상태에서 식물에 직접 부어 주면, 꽃잎이 상하게 되므로 잎이나 포기 아래쪽에 물을 부어 준다. 화분받침에 물을 부어 주어 아래쪽에서 흡수시키는 것도 좋은 방법이다.

식물종류에 따라, 계절별로 물을 필요로 하는 양이 틀리기 때문에 주의해서 준다. 잎이 많고 물을 좋아하는 열대 관엽식물은 2~3일마다 주어야 하고, 보통은 일주일에 1번 정도 충분히 준다. 선인장이나 다육식물 같은 경우에는 물을 너무 자주 주면 썩게 되므로 1~2주 간격으로 물을 준다.

Q2 겨울철 실내를 따뜻하게 해주었는데도 화초가 왜 잘 자라지 않을까요?

A 겨울철 실내환경은 밀폐되어 있는 곳이 많고, 밤의 온도도 사람이 살기에 적합하도록 맞추어 놓기 때문에 밤 온도가 높은 경우가 많다. 밤에 온도관리를 어떻게 하고 있는지 확인해 보아야 한다. 특히 낮의 온도가 밤 온도보다 높아야 광합성으로 생성된 에너지가 쌓여 식물이 커질 수 있는데 봄~가을까지는 야간에 환기가 잘 되도록 창문을 열어 놓고, 바람이 잘 통하는 곳에 배치하거나 겨울철에는 저녁에 너무 높은 온도로 난방을 하지 않는 것이 좋다.

또한, 대부분의 초화류나 온대성 식물은 겨울이 되면서 최소한의 생명만 유지할 수 있도록 생체리듬을 만들어 간다. 따라서 겨울철에는 식물이 생육이 거의 정지하면서 휴면에 들어가기 때문에 잘 자라지 않는 경우도 있다.

한편, 열대식물(관엽식물)류는 난방을 잘 해주어도 건조한 공기로 잘 자라지 못하는 경우가 있다. 이럴 때는 수시로 분무기를 이용하여 수분을 공급해 주어야 한다.

Q3 잎 끝이 마르고 색이 변했어요. 어떻게 해야 하나요?

A 먼저, 화분에 물이 잘 빠지지 않아 뿌리가 썩었는지 확인해 본다. 물을 너무 자주 많이 주어서 뿌리에 산소공급이 원활하지 못하면 뿌리가 썩게 되고 잎 끝이 까맣게 타들어가면서 시들게 된다. 이럴 땐 화분받침에 고여 있는 물을 제거해 주고, 바람이 잘 통하는 창가에 두거나 시든 잎을

그림 15-1 수분과잉으로 뿌리가 상해서 잎이 시든 경우

제거해 주고 화분이 가벼워질 때까지 물을 주지 말아야 한다.

반면에 물이 너무 부족해서 화분의 흙이 말라버렸는지 살펴본다. 수분이 없어도 잎이 축 늘어지면서 마르고 색이 누렇게 변한다. 물기가 없어 가벼워진 화분을 큰 물통에 넣고 화분 아래 2/3 이상이 잠기도록 1시간 이상 담가놓고, 분무기로 잎 부분에 충분히 물을 뿌려 준다.

수분문제가 아니라면, 분갈이를 한 지 오래되지 않았는지 살펴본다. 같은 화분에서 2~3년 정도 기르면 뿌리가 서로 엉키고, 잎들도 빽빽해지면 양분 흡수에 경쟁이 일어나기 때문이다. 영양분이 고갈되어 잎의 상태가 나빠질 땐 비료를 보충해 주거나 분갈이를 해주어야 한다.

이처럼 구입한 화초나 모종이 몇 달이 지나도 크기나 생육이 느리고, 생각만큼 잘 자라지 않을 때가 있다. 식물은 충분한 빛과 물, 적당한 온도에서 광합성을 하여 살아가는 데 필요한 양분을 만들어 내고, 줄기·잎·뿌리·꽃·열매 등으로 양분을 보내어 자라게 된다. 그러나 식물의 종류에 따라 빛이 많은 곳, 온도가 높은 곳, 물이 많은 곳 등등 좋아하는 환경이 다르기 때문에 각 식물의 환경조건을 잘 맞추어 주어야 잘 자랄 수 있다.

Q4 빛이 부족하면 식물이 왜 키가 커질까요?

A 식물에는 피토크롬(Phytochrome)이라는 광수용체가 있는데 이 피토크롬은 줄기의 길이신장을 억제하고, 식물체가 튼튼하게 자라게 해주는 역할을 한다. 식물이 필요로 하는 것보다 빛이 부족하게 되면 이 피토크롬이 충분히 제 역할을 하지 못하여 줄기가 가늘어지면서 길어지게 된다.

식물들은 움직일 수가 없기 때문에 주변 환경에 적응해야만 한다. 예를 들어, 식물들은 음지에 있게 되면 광량이 부족하여 효과적으로 광합성을 할 수 없게 되는데, 식물은 동물과 달리 밝은 빛이 있는 쪽으로 움직일 수 없어서 식물들은 세포 수준에서 그늘(음지)에 반응하게 된다. 이 때문에 식물들은 빛을 향해 위쪽으로 자라게 되는데, 이를 음지회피성(shade avoidance)이라고 한다. 따라서 식물은 하루 중 새벽녘 동이 틀 때와 저녁에 해가질 때 키가 쑥쑥 많이 자라게 된다.

실내에 있는 식물이 힘없이 줄기만 가늘고 길게 자란다면, 빛이 더 많은 베란다나 창가 쪽에 두는 것이 좋으며, 직사광선을 싫어하는 난류나 잎이 넓은 관엽식물은 형광등으로 빛을 보충해 주는 것도 좋은 방법이다.

Q5 꽃이 잘 피지 않아요. 언제든지 꽃을 피울 수는 없나요?

A 작년에 비해 꽃봉오리가 많이 달리지 않거나 꽃이 잘 피지 않을 경우에는 비료를 너무 많이 주지는 않았는지, 햇빛이 충분히 드는 곳에 두었는지 확인해 보아야 한다.

특히 초화류는 온도나 광주기에 따라 꽃눈이 생성되기 때문에 혹시 낮의 길이와 밤의 길이의 차이가 제대로 나는지, 밤의 온도를 확인해 보아야 한다. 온대성 식물인 철쭉이나 동양란류는 겨울철을 겪어야만 꽃눈이 생성되기 때문에 아파트나 건물 내에서는 사계절을 겪을 수 있도록 관리를 해주어야 한다. 겨울철 차가운 저온(약 1~5℃ 정도)에서 10~20일을 밤에 노출시켜 주지 않으면 계속 잎눈만 생성되어 꽃이 피지 않는 경우도 있다.

반면에 열대식물인 관엽식물류는 생육온도, 광환경, 토양수분 상태만 잘 맞으면 수시로 꽃을 볼 수 있다.

Q6 씨앗에서 싹이 나오지 않을 때는 어떻게 해야 하나요?

A 비닐을 씌워 주고 따뜻한 곳에 둔다. 그리고 오래된 씨앗을 뿌리지 않았는지 살펴본다. 씨앗(종자)도 종류와 주변 환경에 따라 싹이 나올 수 있는 수명에 차이가 난다. 실온에서 1~2년 정도의 발아력을 가지는 종자를 단명종자라고 부르며 팬지, 당근, 고추, 베고니아, 시금치, 백합 등이 있으며, 수명이 2~4년 정도인 씨앗을 상명종자라고 하는데 봉선화, 안개꽃, 코스모스, 무, 배추, 수박,

시클라멘 등이 있다. 4~6년 정도까지 오래살 수 있는 씨앗을 장명종자라 하고 접시꽃, 콩, 토마토, 호박, 가지 등이 있다.

또한, 새로 구입한 씨앗이 싹이 나오지 않을 때는 파종시기가 적당한지, 발아(싹이 나오는) 온도를 잘 맞춰 주었는지, 흙이 말라버린 것은 아닌지 확인한다. 씨앗은 종류에 따라 적당한 온도가 되어야만 싹이 나올 수 있다. 봄에 뿌리는 씨앗은 20~25℃ 이상 되어야 하며, 가을철에 뿌리는 씨앗은 보통 15℃ 정도가 되어야 적당하다.

씨앗의 발아능력은 저장조건에 따라 크게 좌우되며, 직사광선과 습기를 피해 주고, 저온 건조한 상태에서 보관을 해야 씨앗의 양분 손실을 막아 주어 종자수명이 오래갈 수 있다.

Q7 먹다 남은 우유나 음식찌꺼기를 화분에 주어도 괜찮을까요?

A 절대로 화분에 음식찌꺼기를 그대로 섞어 주어서는 안 된다. 충분히 썩힌 부엽토를 보충해 주는 것이 바람직하다. 남은 음식물이 화분 안에서 썩으면서 산소를 빼앗고, 열이 발생하거나 미생물과 병균에 의해 뿌리에 피해를 주게 되고, 심지어는 이들이 뿌리가 흡수해야 될 물까지 사용해 버린다. 결국 뿌리가 물과 양분을 제대로 흡수를 할 수 없게 되어 시들어 버리거나 벌레가 생기게 된다.

Q8 식물에 벌레가 생겼어요. 어떻게 해야 하나요?

Q8-1 진딧물이 생기지 않았나요?

A 진딧물은 식물체 즙액을 빨아먹기 때문에 생육에 나쁜 영향을 미친다. 또한 바이러스 병을 옮기기도 하며, 겨울 동안은 알 상태로 있다가 봄이

되면서 부화하여 여름에는 다른 식물에 옮겨가 생활한다. 진딧물은 건조한 환경에서 잘 발생하므로 적절한 습도를 유지시켜 주는 것이 좋다. 진딧물 전용 농약을 구입하여 물에 타서 분무기로 뿌려 준다.

그림 15-2 진딧물

Q 8-2 잎 표면에 흰가루가 생겼나요?

A 잎에 흰색 털 모양의 반점이 생기면서 점차 줄기나 꽃봉오리에도 발생하여 마치 흰가루를 뿌린 것처럼 보인다. 흰가루병은 습도가 높을 때 발생하므로 식물을 너무 촘촘하게 심지 말고 환기를 자주 해준다.

날아다니는 작은 흰벌레가 있을 때에는 온실가루이가 생긴 것이다. 온실이나 실내에서 환기가 잘되지 않을 때 발생하며, 잎의 즙액을 빨아먹기 때문에 색깔이 퇴색되고 쭈글쭈글해진다. 한번 생기면 알과 성충이 같이 기생하므로 델타린, 메치온, 아세페이트 등을 여러 번 뿌려 주어야 한다.

Q 8-3 깍지벌레가 있나요?

A 관엽식물이나 화목류에 붙어서 즙액을 빨아먹으면서 피해를 준다. 하얀 밀랍 같은 물질로 납작한 깍지를 만들고 유충이 날아다니며 병을 옮긴다.

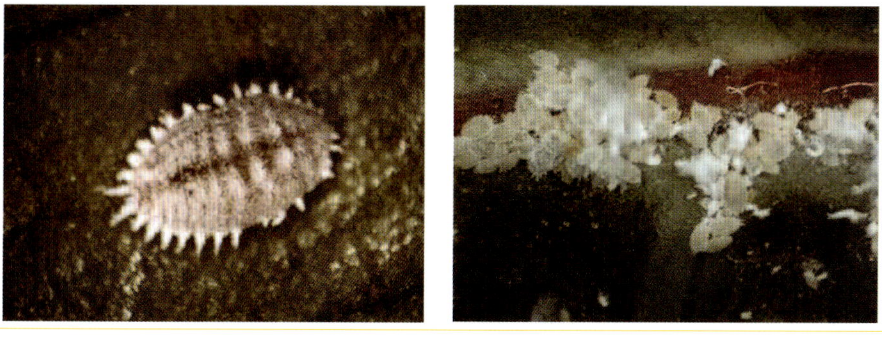

그림 15-3 깍지벌레

깍지벌레는 납작한 깍지를 만들고 그 안에서 성충이 될 때까지 살기 때문에 농약을 뿌려도 잘 죽지 않는다. 따라서 여러 번 약을 뿌리거나 손으로 잡아 준다. 약제는 메카밤, 유황합제, 디메 등이 있으며 상태가 심하면 식물체를 태워버리는 것이 좋다.

Q 8-4 잎에 벌레가 갉아먹은 흔적이 있나요?

A 잎에 벌레는 안 보이는데 갉아먹은 흔적이 있을 때에는 나방류, 민달팽이, 도둑벌레류의 피해로 보인다. 이 해충들은 야행성이기 때문에 낮에는 잘 보이지 않는다. 달팽이는 장마철에 잘 생기므로 습하지 않게 관리해 준다.

Q 8-5 잎의 색이 뿌옇게 변하고 반점이 생겼나요?

A 응애가 생기면 잎 뒷면에 작은 벌레들이 모여 있으면서 백갈색의 반점이 생기고, 잎이 뿌옇게 보이게 된다. 가뭄이 들거나 실내가 건조하면 많이 발생하므로 이때에는 응애류 전용 살충체인 벤조메, 테디온, 살비란, 디코폴, 펜부탄 등 약제를 뿌려 준다.

Q 9 식물이 살아가는 데 꼭 필요한 양분은?

A 사람처럼 식물도 정상적으로 자라기 위해서는 필수 양분이 있어야 한다. 많은 양을 필요로 하는 다량원소와 소량이지만 없어서는 안 되는 미량원소로 구분되는데, 다량원소에는 식물의 골격을 이루는 탄소(C), 산소(O), 수소(H), 질소(N), 인(P), 칼륨(K), 칼슘(Ca), 마그네슘(Mg), 황(S)이 있다. 이 중에서 식물이 가장 많이 필요로 하는 질소, 인, 칼륨을 비료의 3요소라 부른다. 시중에 복합비료(하이포넥스)를 물에 희석하여 판매하고 있기 때문에 쉽게 비료를 보충해 줄 수 있다.

1년에 한 번 정도 주는 것이 적당하며, 분갈이 후에는 뿌리가 손상되어 있기 때문에 가급적 손상된 뿌리가 회복된 후에 주는 것이 좋다. 또한, 꽃이 피기 전에 충분히 주고, 꽃이 핀 다음에는 주지 않는 것이 좋다.

Q9-1 질소가 부족하면?

A 식물체 골격을 이루는 데 없어서는 안 되기 때문에 부족하면 생육에 가장 큰 영향을 준다. 아래쪽부터 잎이 누렇게 되기 시작하고 병약해지며 잘 자라지 않는다. 반면에 과잉증상은 잎의 색이 진하게 되면서 식물 전체가 꽃이 피지 않고 영양생장만 과다하게 된다.

Q9-2 인이 부족하면?

A 인은 단백질과 핵산의 구성성분으로 꽃을 피우거나 결실, 뿌리의 발육에 큰 영향을 주는 성분이다. 부족하면 아래쪽부터 잎이 붉은색으로 변하거나 잎맥이 적색으로 변하면서 꽃이 피지 않고 열매도 잘 안 달리게 된다. 반면에 너무 많이 주면 잎에 참깨모양의 반점이 생기거나, 새로 나오는 잎 표면의 일부가 하얗게 변하게 된다.

Q9-3 칼륨이 부족하면?

A 칼륨은 식물체내의 수분이동을 조절하는 데 중요한 역할을 하는 비료이다. 특히 세포분열, 기공의 개폐, 병충해에 견디는 저항력에 큰 영향을 미친다. 부족하면 잎 주위가 마르고, 잎 끝이 황화하면서 식물체의 줄기가 썩어들어 가거나 열매에서 점액이 흐르기도 한다. 또한 잎에 대형의 부정형 반점이 생기게 된다.

Q9-4 칼슘이 부족하면?

A 뿌리와 잎의 끝부분이 말라죽는 현상이 생기며, 상위 잎의 생장이 정지하고, 생장점이 기형으로 변하고, 줄기에 세로로 줄무늬가 생기면서 썩어 들어간다.

Q9-5 마그네슘이 부족하면?

A 엽록소의 구성성분으로서 부족하면 잎맥과 잎맥 사이가 누렇게 변하고 아래쪽 잎부터 황화가 나타난다.

Q 10

휴가로 집을 비울 경우에 식물을 어떻게 해야 하나요?

A 일주일 이상 집을 비울 경우에는 먼저 식물을 직사광선이 닿지 않는 곳으로 옮겨 놓고, 화분받침에 물이 가득 차도록 충분히 물을 준다. 또한 식물체의 수분증발이 최소한이 될 수 있도록 집 밖에 있는 식물들은 북쪽으로 옮겨 놓고 실내에 있는 창문을 닫고 커튼을 쳐두거나 서늘한 곳에 두는 것이 좋다. 이렇게 해두어도 15일 이상은 버티기 어려우므로 2주 이상 집을 비울 경우에는 물을 공급해 주는 자동장치를 달거나 다른 대책(이웃이나 친척에게 관리 부탁)을 세우는 것이 좋다.

Q 11

엉성하게 변한 화초의 잎을 무성하게 하려면 어떻게 해야 하나요?

A 식물이 엉성하게 변하는 가장 큰 원인은 빛이 부족하기 때문이다. 그늘진 자리에 화분을 두었다면 창가나 베란다로 자리를 옮겨 빛을 많이 볼 수 있도록 해준다. 그러나 집이 워낙 햇빛이 들지 않는 북향이나 지하라면 다음과 같은 방법으로 해결할 수 있다.

훌쩍 키만 자랐거나 듬성듬성해진 화초는 곁가지가 새로 나올 수 있도록 윗부분과 가장자리 부분을 가지치기해 준다. 왜화제(생장억제제 : B-9, CCC, 안시미돌)를 분무기로 뿌려 주면 줄기 길이가 짧게 자라 키가 크는 것을 방지해 준다.

또 꽃이 지고나면 시들은 꽃봉오리를 바로바로 따주고 누렇게 되거나 시들은 잎은 잘라내야 영양분의 손실 없이 건강하게 자랄 수 있다.

식물을 예쁜 모양으로 키우려면 알맞은 빛과 온도, 물주기를 한 다음에도 가끔씩 세심한 사랑의 손길이 필요하다.

부 록

§미니원예식물도감 §

- 초화류
- 화목류
- 관엽식물류
- 다육식물류
- 허브류
- 난류

초화류

거베라(*Gerbera* spp.)

과꽃(*Callistephus chinensis*)

국화(*Dendranthema grandiforum*)

군자란(*Clivia miniata*)

글라디올러스(*Gladiolus gandavensis*)

금계국(*Coreopsis drummondii*)

금낭화(*Dicentra spectabilis*)

금잔화(*Calendula officinalis*)

꽃잔디(*Phlox subulata*)

나팔꽃(*Pharbitis nil*)

다알리아(*Dahlia variabilis*)

데이지(*Bellis perennis*)

루드베키아(*Rudbeckia* spp.)

만수국(*Tagetes patula*)

매발톱(*Aquilegia buergariana*)

맥문동(*Liriope platyphylla*)

맨드라미(*Celosia cristata*)

무스카리(*Muscari armeniacum*)

백일홍(*Zinnia elegans*)

꽃베고니아(*Begonia semperflorens*)

렉스베고니아(*Begonia rex* Putz)

봉선화(*Impatiens balsamina*)

부겐빌레아(*Bougainvillea glabra*)

분꽃(*Mirabilis jalapa*)

붓꽃(*Iris* spp.)

사랑초(*Oxalis*)

샐비어(*Salvia splendens*)

수국(*Hydrangea macrophylla*)

수선화(*Narcissus tazetta*)

숙근플록스(*Phlox paniculata*)

시클라멘(*Cyclamen* spp.)

아마릴리스(*Hipeastrum hybridum*)

꽃양귀비(*Papaver somniferum*)

옥잠화(*Hosta plantaginea*)

일일초(*Vinca rosea*)

임파치엔스(*Impatiens hawkeri*)

접시꽃(*Althaea rosea*)

제라늄(*Pelargonium inquinans*)

채송화(*Portulaca grandiflora*)

천일홍(*Gomphrena globosa*)

칸나(*Canna* spp.)

카네이션(*Dianthus caryophyllus*)

칼라(*Zantedeschia* spp.)

코스모스(*Cosmos bipinnatus*)

콜레우스(*Coleus blumei*)

튤립(*Tulipa gesneriana*)

패랭이(*Dianthus chinensis*)

팬지(*Viola tricolor*)

페튜니아(*Petunia* spp.)

포인세티아(*Euphorbia pulcherrima*)

프리뮬라(*Primula* spp.)

한련화(*Tropaeolum majus*)

할미꽃(*Pulsatilla koreana*)

해바라기(*Helianthus annuus*)

히아신스(*Hyacinthus orientalis*)

화목류

개나리(*Forsythia koreana*)

능소화(*Campsis grandiflora*)

동백(*Camellia japonica*)

모란(*Paeonia suffruticosa*)

목련(*Magnolia kobus*)

벚꽃(*Prunus serrulata*)

산수유(*Cornus officinalis*)

무궁화(*Hibiscus syriacus*)

장미(*Rosa* spp.)

조팝나무(*Spiraea prunifolia*)

진달래(*Rhododendron mucronulatum*)

철쭉(*Rhododendron schlippenbachii*)

피라칸사(*Pyracantha angustifolia*)

관엽식물류
(잎보기식물)

디펜바키아(*Dieffenbachia amoena*)

몬스테라(*Monstera deliciosa*)

스킨답서스(*Epipremnum aureus*)

스파티필름(*Spathiphyllum* spp.)

싱고니움(*Syngonium podophyllum*)

아글라오네마(*Aglaonema simplex*)

안스리움(*Anthurium andraeanum*)

알로카시아(*Alocasia* spp.)

칼라디움(*Caladium bicolor*)

필로덴드론(*Philodendron* cv. Xanadu)

드라세나 맛상게아나(*Dracena fragrans* cv. Massangeana)

드라세나 산데리아나(*Dracena sanderiana*

드라세나 Florida Beauty(*Dracena godseffiana* cv. Florida Beauty)

드라세나 Song of India (*Dracaena reflexa* cv. Song of India)

드라세나 Virens Compacta(*Dracaena dermensis* cv. Virens Compacta)

떡갈잎고무나무(*Ficus lyrata*)

벤자민고무나무(*Ficus benjamina*)

왕모람(푸밀라)(*Ficus pumila*)

인도고무나무(*Ficus elastica* cv. Decora)

네프롤레피스 보스톤고사리 (*Neprolepis exalata* cv. Bostoniensis

루모라고사리(*Rumohra adiantiformis*)

박쥐란(*Platycerium bifurcatum*)

아디안텀(*Adiantum raddianum*)

파초일엽(*Asplenium antiquum*)

종려죽(*Rhapis humilis*)

산호수(*Ardisia pusilla*)

쉐플레라(*Schefflera* spp.)

관음죽(*Rhapis flabelliformis*)

테이블야자(*Chamaedorea elegns*)

쉐플레라 무늬종(*Schefflera arboricola*)

아레카야자(*Chrysalidocarpus lutescens*)

켄차야자(*Howeia* spp.)

수박필레아(*Pilea cadierei*)

아라우카리아(*Araucria heterophylla*)

아이비(*Hedera* spp.)

접란(*Chlorophytum comosum*)

칼라데아(*Calathea lancifolia*)

코르딜리네(홍죽)(*Cordyline terminalis*)

크로톤(*Codiaeum* spp.)

트라데스칸티아(*Tradescantia fluminesis*)

파키라(*Pachira aquatica*)

페페로미아(*Peperomia abtusifolia*)

호야(*Hoya carnosa* cv. Variegata)

다육식물류 (선인장)

게발선인장(*Epiphyllum truncatus*)

꽃기린(*Euphorbia milli* var. Splendens)

방울선인장(*Senecio rowleyanus*)

변경주(*Carmegiea gigantea*)

비모란(*Gymnocalycium mihanovichii*)

비화옥(*Gymnocalycium baldianum*)

산세베리아(*Sansevieria trifasciata*)

산취(*Chamaecereus silvestrii*)

양로(*Echeveria subsessilis*)

칼랑코에(*Kalanchoe* spp.)

크라술라(*Crassula* spp.)

허브류

라벤더(*Lavendula* spp.)

레몬밤(멜리사)(*Melissa officinalis*)

로즈마리(*Rosmarinus officinalis*)

마조람(*Majorana hortensis*)

세이지(*Salvia officinalis*)

캐모마일(*Matricaria recutica*)

타임(*Thymus* spp.)

페퍼민트(박하)(*Mentha* spp.)

난류

소엽풍란(*Neofinetia falcata*)

덴드로븀(*Dendrobium nobile*)

반다(*Vanda*)

심비디움(*Cymbidium*)

카틀레야(*Cattleya*)

파피오페딜룸(*Paphiopedilum esquirolei*)

팔레놉시스(*Phalenopsis*)

찾아보기

용어

식물명

ㅂ

ㅅ

ㅇ